Sanitärinstallationen

Tobias Pehle

Sanitär-
installationen

Inhalt

Kücheninstallation 70

I

Grundlagen der Sanitärinstallation

- Der Wasserkreislauf im Haus
- Wasserleitungen richtig verlegen
- Abwasserrohre richtig verlegen
- Kleine Reparaturen an Armaturen

Der Wasserkreislauf im Haus

Wasser fließt im Haus durch einen Kreislauf aus Trink-, Brauch- und Abwasserleitungen.

Ausgangspunkt der Trinkwasserversorgung ist die Hausanschlussleitung. Sie führt vom öffentlichen Versorgungsnetz unterirdisch geradlinig ins Gebäudeinnere. Der Anschlusspunkt ist am Haus außen mit einem blauen Hinweisschild markiert. Da die Hausanschlussleitung für den jeweiligen Wasserversorger jederzeit zugänglich bleiben muss, darf sie nicht überbaut werden.

Im Haus führt die Anschlussleitung unmittelbar zur Wasserzählanlage mit dem Hauptabsperrventil. Der Zähler wird in einer Höhe von 30 bis 100 cm über dem Fußboden installiert. Das Hauptabsperrventil muss aus Sicherheitsgründen jederzeit sofort zugänglich sein. Sie dürfen die Zählanlage also nicht durch Gegenstände verstellen oder durch Schränke überbauen.

Rein rechtlich dürfen Sie alle Arbeiten am Wassernetz des Hauses in Eigenleistung ausführen (siehe dazu auch Seite 15 ff.) – mit Ausnahme des Anschlusses an die öffentliche Wasserversorgung. Dieser ist dem jeweiligen Wasserversorger oder einem von ihm zugelassenen Sanitär-Handwerksbetrieb vorbehalten. Hausanschlussleitung und Wasserzählanlage mit Hauptabsperrvorrichtung sind damit für den Heimwerker tabu. Das gesamte Leitungssystem, das sich an die zentrale Wasserversorgung anschließt, können Sie hingegen selbst installieren.

Gleich nach der Zählanlage wird das Kaltwasser abgezweigt und direkt zu den Entnahmestellen geführt. Welchen Weg das Wasser für die Warmwasseraufbereitung

Hausanschluss mit Wasserzählanlage: für Heimwerker tabu!

nimmt, ist unterschiedlich, weil von der Art der Warmwasseraufbereitung abhängig. In den meisten Wohnhäusern führt die Leitung zunächst zur zentralen Warmwasseraufbereitungsanlage. Von dort aus führen dann zwei parallel verlegte Wasserleitungen über Steig-, Verteilungs- und Verbrauchsleitungen zu den Entnahmestellen. Als Steigleitung bezeichnet man ein Wasserrohr, das durch Geschossdecken senkrecht nach oben führt. In den jeweiligen Stockwer-

ken führt von dieser Steigleitung aus dann waagerecht die Verteilungsleitung zu einem Verteiler. Von dort aus wird das Wasser schließlich über die Verbrauchsleitungen zu Waschbecken, Spüle oder Dusche geführt.

Alternativ dazu kann die Warmwasseraufbereitung auch direkt an den Entnahmestellen erfolgen; dann führt nur eine Kaltwasserleitung zu den einzelnen Stockwerken und von da aus in Küche, Bad oder WC.

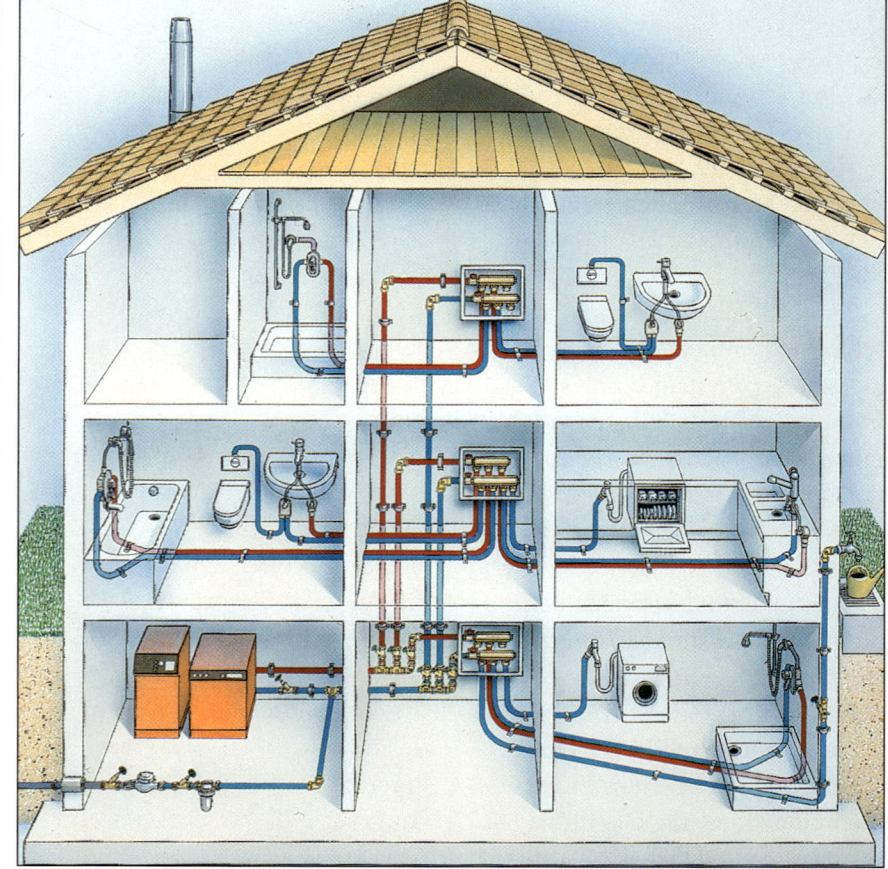

Zentrale Warmwasserversorgung im Einfamilienhaus: Kalt- und Warmwasser werden von der zentralen Warmwasseraufbereitung parallel über Steig- und Verteilungsleitungen zu Verteilanlagen in den Stockwerken geführt und von da aus über Verbrauchsleitungen zu den einzelnen Entnahmestellen

Warmwasser-aufbereitung

Sowohl die zentrale als auch die dezentrale Warmwasserversorgung an den einzelnen Entnahmestellen haben Vor- und Nachteile. Die zentrale Warmwasseraufbereitung erfordert durch die Parallelinstallation von Warm- und Kaltwasserleitungen zwar einen erhöhten Installationsaufwand, ist dafür aber flexibel: Zur Erwärmung können alle Energieformen wie Gas, Öl oder Sonne genutzt werden. Außerdem muss man nur eine Anlage anschaffen. Nachteilig ist hingegen, dass das Warmwasser lange Leitungswege bis zur Entnahmestelle zurücklegen muss – selbst bei guter Rohrdämmung sind dabei Energieverluste unvermeidbar.

Warmwasserspeicher

Für die zentrale Warmwasseraufbereitung kommen heute überwiegend Warmwasserspeicher zum Einsatz, die dauerhaft eine große Menge an Warmwasser bereitstellen. Ein Fassungsvermögen von 120 bis 160 l ist dabei für ein Einfamilienhaus ausreichend. Bei der Installation eines zentralen Warmwasserspeichers sollte eine Zirkulationsleitung eingeplant werden. Sie führt parallel zur Warmwasserleitung zum Verteiler oder

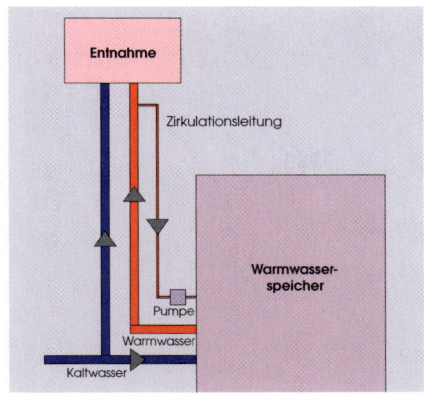

Die Zirkulationsleitung sichert auch bei der entferntesten Entnahmestelle immer warmes Wasser

bis kurz vor eine Entnahmestelle im Badezimmer bzw. in einem anderen Nassbereich. Am Speicher sitzt eine kleine Pumpe, die zeitgesteuert zu den wichtigsten Nutzungszeiten (morgens und abends) über die Zirkulationsleitung das Warmwasser umwälzt. Bei der Entnahme steht somit sofort Warmwasser zur Verfügung, weil die Versorgungsleitung damit gefüllt ist.

Warmwasserspeicher sind besonders empfehlenswert, wenn sie mit Solarkollektoren gekoppelt sind. An Sonnentagen erwärmt dann die Sonne das Wasser. Erst wenn ihre Energie nicht ausreicht, die gewünschte Wassertemperatur zu erzeugen, schaltet die Anlage auf eine andere Energieform wie Öl, Gas oder Fernwärme um.

Wenn Sie Sonnenenergie nutzen möchten, benötigen Sie einen speziellen, bivalenten Speicher, der sowohl das mit den Sonnenkollektoren erzeugte Warmwasser als auch das konventionell erwärmte Wasser aufnehmen kann.

SAFETY FIRST

Alle Geräte zur Warmwasseraufbereitung arbeiten auch mit Strom – selbst
Gas- und Ölheizungen. Dabei dürfen
Sie nur Geräte mit Schutzkontakt-
stecker selbst an die 230-Volt-Strom-
versorgung anschließen. In allen anderen Fällen bleibt der Anschluss einem
Elektroinstallateur vorbehalten. Dies
gilt insbesondere für den Anschluss
von Starkstromgeräten wie etwa einem
Durchlauferhitzer. Sie müssen in der
Hauptverteilung mit separaten Schutz-
schaltern abgesichert werden.

Sonnenkollek-
toren werden im
Verbund mit
bivalenten
Warmwasser-
speichern einge-
setzt. Durch die
Speicherung
steht das Warm-
wasser jederzeit,
also relativ
tageszeiten- und
witterungs-
unabhängig, zur
Verfügung

Durchlauferhitzer und Untertischspeicher

Für die dezentrale Warmwasserversorgung kommen Durchlauferhitzer und kleine Untertischspeicher
zum Einsatz, Elektrogeräte also, die
mit einer vergleichsweise teuren
Energieform arbeiten. Für jeden
einzelnen Bereich – Küche, Bad,
WC – ist jeweils ein eigenes Gerät
erforderlich, das in den jeweiligen
Räumen auch unauffällig unter-
gebracht werden will.

Dem geringen Aufwand bei der
Sanitärinstallation – es sind keine
parallelen Warmwassersteig- und
Verteilungsleitungen notwendig –
steht ein höherer Aufwand bei der
Elektroinstallation entgegen.
Durchlauferhitzer arbeiten z. B. mit
Starkstrom und erfordern so eine
separate Starkstromleitung und
eine gesonderte Absicherung im
Elektroverteiler.

Durchlauferhitzer oder Untertischspeicher setzt man deshalb in
Einfamilienhäusern vor allem als
Ergänzung zu einer zentralen
Warmwasseraufbereitung ein. Sie
sind vor allem in Räumen sinnvoll,
in denen entweder nur selten
Warmwasser benötigt wird oder die
nur über lange Leitungswege zu
erreichen sind. Bei Mehrfamilienhäusern hingegen erleichtern die
Geräte eine getrennte Abrechnung
der Energiekosten für die Warmwasseraufbereitung.

Durchlauferhitzer gibt es mit
unterschiedlicher Leistung von 12,
18, 21 und 24 kW. Je mehr Leistung der Durchlauferhitzer hat,
desto mehr Warmwasser steht pro
Minute zur Verfügung. Auch starke
Durchlauferhitzer bieten allerdings
nicht so viel Warmwasser pro
Minute wie ein zentraler Warmwasserspeicher – damit sind sie
auch weniger komfortabel.

Abwasserentsorgung

Überall dort, wo Wasser entnommen wird, ist auch eine Abwasserleitung erforderlich. Man unterscheidet Anschluss-, Sammel-, Fall- und Grundleitung.

Vom WC, von der Dusche oder vom Becken führt die Anschlussleitung das Wasser zur Sammelleitung des Nassraums. Von hier aus entsorgt eine Fallleitung das verbrauchte Wasser und leitet es durch die Stockwerke nach unten ab. Anschlussleitungen können auch direkt in die Fallleitung münden. Die Grundleitung nimmt das gesamte Abwasser des Hauses auf und führt es über den Anschlusskanal in das öffentliche Entsorgungsnetz.

Das Abwassernetz wird von einer Entlüftungsleitung vervollständigt, die von der Fallleitung nach oben zum Dach führt. Sie dient dem Druckausgleich und der Belüftung des Abwassersystems.

Regenwasser wird gesondert gesammelt und abgeführt. Über die Dachrinnen gelangt es in die Regenfallleitung, von dort in die Grundleitung. In einigen Regionen wird das Regenwasser getrennt vom Abwasser über ein gesondertes Leitungssystem entsorgt. Alternativ dazu kann das Regenwasser oft auch in öffentliche Gewässer – z. B. in Bäche oder Teiche – eingeleitet werden. Auskünfte erteilt Ihre zuständige Wasserbehörde.

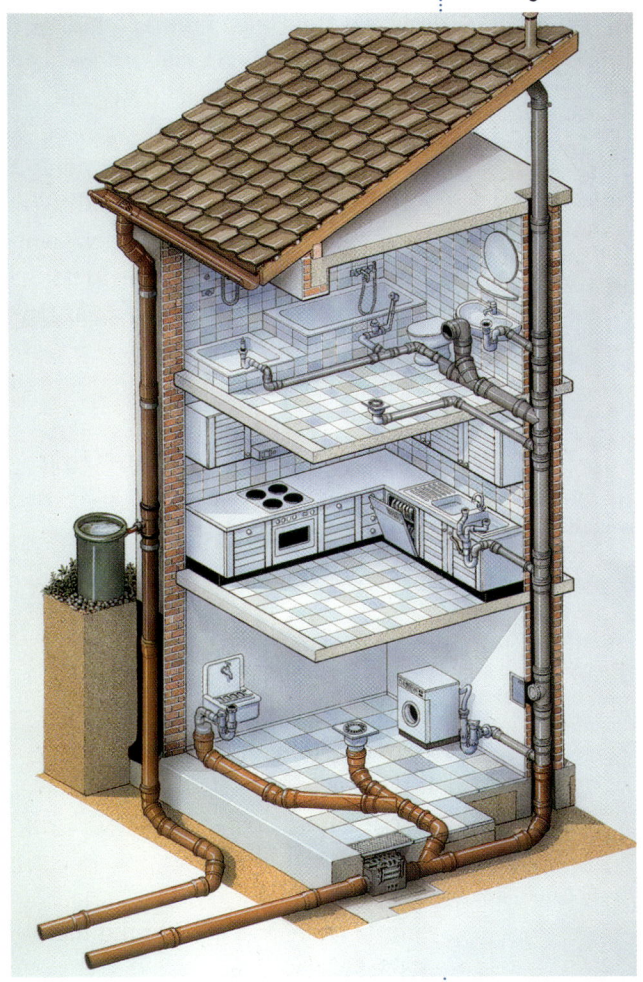

Musterbeispiel für eine Abwasserinstallation in einem mehrgeschossigen Haus

Brauchwasser

Trinkwasser ist ein kostbares und teures Gut. Aber nicht überall dort, wo Wasser benötigt wird, muss es auch in trinkbarer Qualität zur Verfügung stehen. So reicht z. B. für Toilettenspülungen oder die Gartenbewässerung ungereinigtes Regenwasser völlig aus. Solches Wasser in minderer Qualität bezeichnet man als Brauchwasser.

Die Natur liefert es als Regenwasser frei Haus. Zum Teil können auch Quellen oder Grundwasser genutzt werden. Die Vorteile liegen auf der Hand: Die Umwelt wird geschont, da die aufwändige Trinkwassergewinnung entfällt, und das Wasser kostet nichts. Geld sparen lässt sich mit Brauchwassersystemen allerdings nur auf lange Sicht, denn die Anschaffungs- und Installationskosten müssen sich erst einmal amortisieren. Wenn das System mit elektrischen Pumpen arbeitet, belastet zudem ein entsprechender Stromkostenanteil den Geldbeutel.

Das Spektrum der Brauchwasseranlagen reicht von der einfachen Regenwassertonne bis hin zu großen unterirdischen Zisternen, die die komplette Dachentwässerung aufnehmen können. Alternativ darf man in einigen Gebieten Grundwasserpumpen einsetzen.

Besonders einfach gestaltet sich die Installation, wenn das Brauchwasser allein zur Gartenbewässerung genutzt wird. Sollen auch Toilettenspülung oder Waschmaschine mit dem kostenlosen Nass versorgt werden, ist hierfür eine

Ein Hauswasserwerk ermöglicht es, einen Garten mit Grundwasser zu bewässern. Die Entnahme ist aber nicht überall erlaubt. Fragen Sie diesbezüglich Ihre Wasserbehörde. Auch, ob eventuelle Bakterienbelastungen bekannt sind. Die Brauchwasserversorgung mit Regenwasser ist in der Regel unproblematischer

Der Fachhandel führt ein breites Sortiment an Pumpen für die Brauchwassernutzung. Man unterscheidet dabei zwischen Pumpen und Hauswasserwerken. Eine Standard-Gartenpumpe beginnt zu arbeiten, wenn ihre Spannungsversorgung eingeschaltet wird. Beim Hauswasserwerk hingegen springt die Pumpe erst an, wenn Wasser an einem Auslass entnommen wird. Das Wasserwerk reagiert dabei auf den Druckabfall, der durch das Öffnen eines Auslassventils (Fachbezeichnung für Wasserhahn oder Absperreinrichtung) entsteht, und schaltet sich automatisch ein. Damit dies funktioniert, muss ein dichtes, druckbeständiges Leitungssystem installiert werden. Pumpen und Wasserwerke bietet der Handel mit unterschiedlicher Leistung an – wie viel Leistung Sie benötigen, hängt von der Förderhöhe ab. Leistungsfähigere Pumpen sind deutlich teurer – Sie sollten sich deshalb im Fachhandel beraten lassen, welche Leistung für Ihre Brauchwassergewinnung erforderlich ist. Die Pumpen sollten immer frostsicher installiert werden – andernfalls müssen Sie sie im Winter demontieren.

gesonderte Zuleitung notwendig. Der Gesetzgeber schreibt nämlich eine strikte Trennung von Trink- und Brauchwasser vor. Für die Entsorgung von Brauchwasser sind hingegen keine gesonderten Leitungen erforderlich.

Wenn Sie Brauchwasser im Haus einsetzen wollen, sind deshalb eine gründliche Planung und umfangreiche Installationsarbeiten erforderlich, die nur im Rahmen eines Neu- oder eines größeren Umbaus wirtschaftlich sind. Beachten Sie bitte, dass Rohre, die Sie durch Erdreich führen, aus Kunststoff bestehen oder kunststoffbeschichtet sein müssen.

Planung

Bei der Planung der Sanitärinstallation sind folgende zwei Gesichtspunkte von besonderer Bedeutung:

■ **Gesetzliche Bestimmungen**
Der Gesetzgeber hat umfangreiche Vorschriften zur Sanitärinstallation erlassen, die nicht nur für die Ausführung der Installation in der Praxis wichtig sind, sondern auch für die Planung. Dazu zählen beispielsweise Bestimmungen zur Sicherheit und zum Schallschutz. Relevant ist hier vor allem die DIN 1988 für Trink- und die DIN 1986 für Abwasser. Bei Mehrfamilienhäusern sind zudem bestimmte

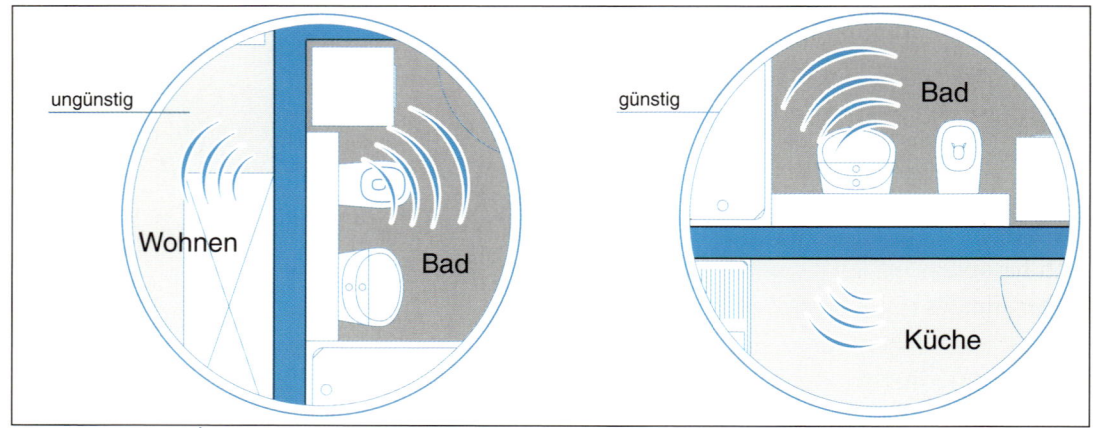

ungünstig

Wohnen

Bad

günstig

Bad

Küche

Liegen Küche und Bad nebeneinander, wird nicht nur der Installationsaufwand etwas reduziert, sondern auch die Geräuschbelästigung in Wohnräumen vermieden

Brandschutzbestimmungen einzuhalten, da sich Feuer z. B. auch über Abwasserrohre ausbreiten kann.

■ Wirtschaftlichkeit

Die Wege, die das Wasser durch das Haus nimmt, sollten möglichst kurz und unkompliziert sein. Je weniger Rohre, Abzweigungen und Verteiler Sie einsetzen müssen, desto weniger Material und desto weniger Arbeitsaufwand sind erforderlich.

Eine kompetente Planung der Sanitärinstallation ist nicht von der Grundplanung des gesamten Hauses zu trennen. Denn die Wege der Rohrleitungen sind nur dann kurz, wenn Küche, Bad und WC nahe beieinander angeordnet sind.
Bei einer optimalen Planung liegen die Nassbereiche innerhalb eines Stockwerks direkt nebeneinander. Küche, Bad und WC sollten nach Möglichkeit nur durch eine

Wand getrennt sein. Außerdem empfiehlt es sich, die Nassbereiche in den anderen Stockwerken direkt darüber oder darunter anzuordnen. Eine solche Planung hat zwei entscheidende Vorteile:
– Die Baukosten sinken, weil Trink- und Abwasserleitungen sehr kurz gehalten werden. So sind z. B. für die Versorgung aller Nassbereiche nur zwei Steig- (Trinkwasser warm/kalt) und eine Fallleitung (Abwasser) erforderlich. Durch die kurzen Leitungswege treten bei einer zentralen Warmwasseraufbereitung zudem nur sehr geringe Energieverluste bei der Warmwasserzuführung auf. Das spart Betriebskosten.
– Zum Zweiten ermöglicht eine solche Planung, das Abwasser in der Wand zwischen den Nassbereichen nach unten abzuführen. Dadurch wird eine Geräuschbelästigung in schützenswerten Räumen wie Schlaf- und Wohnzimmern weitestgehend vermieden.

Gesetzliche Bestimmungen für Sanitärinstallationen

Die gesetzlichen Bestimmungen für die Sanitärinstallation beziehen sich besonders auf die Qualitätssicherung des Trinkwassers und den Gebäudeschutz.

Insbesondere müssen Sie auf folgende Punkte achten:
- Vorschriften für die allgemeine Trink-, Brauch- und Abwasserinstallation,
- spezielle Vorschriften für Trink- und Abwasserleitungen,
- Wärmeschutzbestimmungen,
- Brandschutzbestimmungen,
- Schallschutzbestimmungen.

Allgemeine Vorschriften

Dem Schutz des Trinkwassers räumt der Gesetzgeber höchste Priorität ein. Er hat deshalb in der DIN 1988 umfangreiche Bestimmungen erlassen, die vor allem die strikte Trennung von Trinkwasserleitungen und Nicht-Trinkwasserleitungen behandeln. Folgende Punkte sind dabei von besonderer Bedeutung:

■ **Rückflussverhinderung**
Es muss in jedem Fall verhindert werden, dass Abwasser in Trinkwasserrohre gelangt. Dies ist durch Rücksaugen aufgrund von Unterdruck im hauseigenen oder im öffentlichen Wassernetz möglich. Unter bestimmten Umständen kann im Trinkwassernetz ein so starker Unterdruck entstehen, dass beispielsweise durch in Abwasser eingetauchte Armaturen verschmutztes Wasser angesaugt wird und so in das Trinkwassernetz gelangt.

Den effizientesten Schutz bietet hier ein Rückschlagventil, das direkt nach der Wasserzählanlage installiert wird. Eine solche zentrale Sicherung für das gesamte Trinkwassernetz des Hauses ist in vielen Regionen vorgeschrieben. Selbst wenn ein solches Rückschlagventil nicht vorgeschrieben ist, ist es auf jeden Fall zu Ihrer Sicherheit unbedingt empfehlenswert.

Ein solches in die Leitung gesetzte Rückschlagventil verhindert das Zurücksaugen von Abwasser in das Trinkwasser, weil es den Wasserfluss nur in Fließrichtung zulässt

Ein Rohrbelüfter dient der Entlüftung der Trinkwasserleitungen. Er ist gesetzlich vorgeschrieben

Bei der gesamten Trinkwasserinstallation sollten alle Rohre gedämmt werden und nicht nur — wie gesetzlich vorgeschrieben — Warmwasserrohre

Des Weiteren besteht die Möglichkeit, durch einzelne Rückflussverhinderer bestimmte Entnahmestellen gesondert abzusichern, so beispielsweise beim Anschluss von Wasch- oder Spülmaschinen (siehe auch Seite 78) sowie von Badewanne und Dusche.

■ Entlüftung

Zum Druckausgleich im hausinternen Trinkwassernetz ist ein Rohrbelüfter vorgeschrieben. Er wird am höchsten Punkt der Steigleitung installiert und muss sich oberhalb des letzten Abzweigs zu Verteil- oder Entnahmestellen befinden.

Entsteht in der Trinkwasserleitung Unterdruck, kann durch den Rohrbelüfter zum Druckausgleich Luft in die Leitung einströmen. Normalisiert sich der Druck wieder, entlüftet das integrierte Ventil die Trinkwasserleitung, wobei auch geringe Mengen Wasser austreten können. Eine Entlüftung ist nicht notwendig, wenn Sie ausschließlich selbstsichernde Armaturen einsetzen, die das Rohrleitungssystem von sich aus entlüften können.

Vorschriften für Trinkwasserleitungen

■ Materialien

Für Trinkwasserleitungen dürfen nur speziell zugelassene Rohre und entsprechende Systemteile (z. B.

Fittings) zum Einsatz kommen. Bei Leitungssystemen aus Kunststoffrohren vermeiden Sie Fehler, wenn Sie ausschließlich Materialien eines Herstellers einsetzen.

■ Fließregel

Wenn Sie Rohre aus Kupfer oder anderen Metallen installieren, gilt es besonders auf die Fließregel zu achten: Danach darf in Flussrichtung des Wassers bei einer Installation mit metallischem Material kein Leitungsteil aus einem unedlen Metall (z. B. verzinktes Stahlrohr) nach einem Leitungsteil aus edlerem Metall (z. B. Kupfer) eingesetzt werden. Das gilt auch für Verbindungs- und Anschlussstücke. Andernfalls greifen freigesetzte Ionen des edleren Materials, vom Wasser weitertransportiert, das nachfolgende unedlere Material an und zersetzen es.

■ Isolierung

Warmwasserleitungen müssen grundsätzlich isoliert werden, um Wärmeverluste zu verhindern. Bezüglich der Wärmeisolierung ist die aktuelle Wärmeschutzverordnung maßgebend.

Die Isolierung verhindert außerdem, dass sich Kondenswasser bildet und die Trinkwasserleitungen von außen angreift. Außerdem mindert sie die Schallentwicklung. Deshalb ist es empfehlenswert, sowohl Warm- als auch Kaltwasserleitungen zu isolieren.

Für die Isolierung setzen Sie am besten spezielle Schaumstoffummantelungen ein. Diese Rohrisolierungen gibt es passend für alle Rohrdurchmesser in unterschiedlichen Breiten. Grundsätzlich gilt: Isolieren Sie die Rohre so gut wie möglich, also mit der für den Durchmesser passenden dicksten Schaumstoffisolierung. Der Preisunterschied gegenüber dünnen Isolierungen ist vernachlässigbar.

■ **Leitungsführung**
Grundsätzlich dürfen Trinkwasserleitungen nicht unterhalb der Kellersohle verlegt werden.

Der größte Feind der Wasserleitungen ist der Frost. Gefriert das Wasser in den Leitungen, dehnt es sich aus – die Rohre platzen. Wenn das Eis schmilzt, tritt Wasser an den geplatzten Stellen aus. Um diese Gefahr zu vermeiden, sollten Sie bei der Planung der Installation keine Wasserleitungen in Außenwänden vorsehen.

Unvermeidlich ist dies allerdings bei der Zuleitung des Außenanschlusses für den Wasserhahn im Garten. Auf jeden Fall müssen Sie die entsprechende Kaltwasserzuleitung effektiv isolieren. Außerdem müssen Sie diese Zuleitung gesondert absperren können. Deshalb ist bei den Zuleitungen für Außenanschlüsse immer ein separates Absperrventil in einem frostfreien Innenraum einzuplanen, um in der Frostperiode die Wasserzufuhr

unterbrechen und die Leitung entwässern zu können. Umgehen kann man dies mit einer frostsicheren Außenarmatur, die allerdings sehr teuer ist.

Vorschriften für Abwasserleitungen

■ **Materialien**
Bei Abwasserrohren kommt es auf zwei wesentliche Eigenschaften an: Zum einen müssen die Rohre auch sehr heißes Wasser aufnehmen können, wie es z. B. beim Kochen in der Küche entsteht. Zum anderen müssen sie großen Druckunterschieden standhalten. Der Druck entsteht, wenn plötzlich große Mengen Wasser in das Rohr geleitet werden. Für die Entwässerung im Haus dürfen Sie deshalb nur

HT-Rohre bietet der Handel für alle denkbaren Installationen an

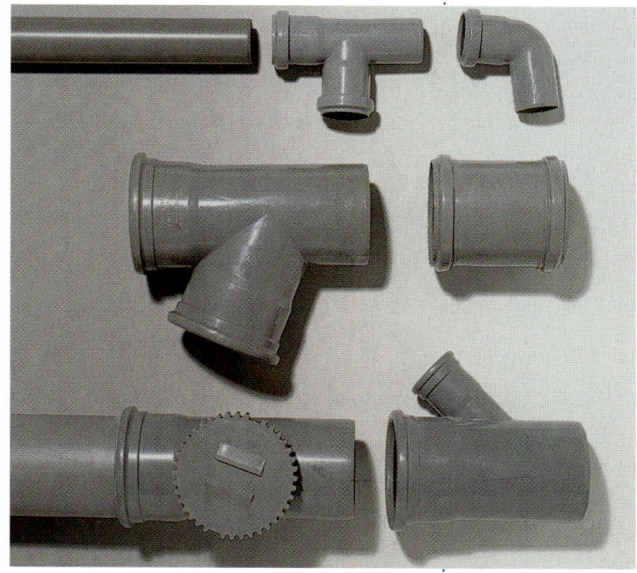

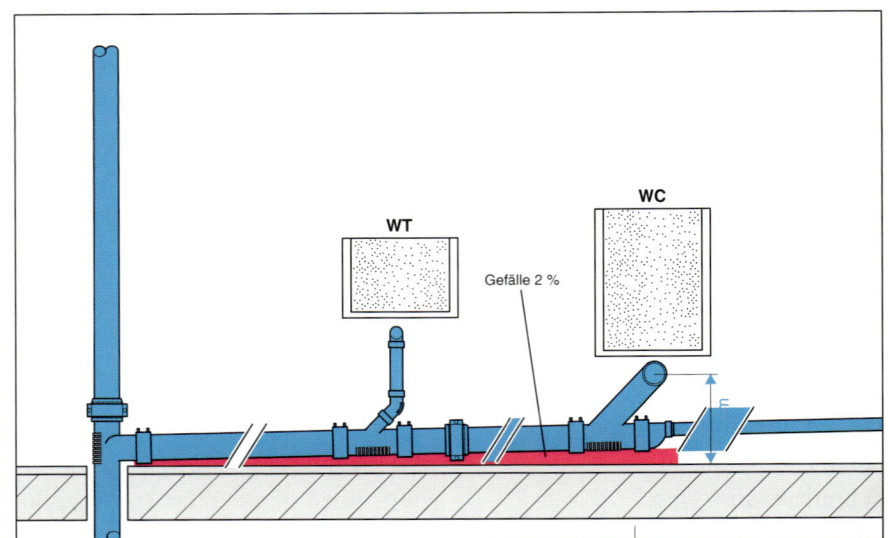

Beim horizontalen Verlegen von Abwasserrohren sorgt ein Gefälle von 2 % (2 cm pro 1 m) für den optimalen Abfluss

DIN-gerechtes Material einsetzen. Am Markt haben sich die so genannten HT-Kunststoffrohre durchgesetzt. Das Kürzel HT steht für „hochtemperaturbeständig". Diese Rohre lassen sich durch einfaches Zusammenstecken normgerecht verbinden und somit sehr leicht verarbeiten. Darüber hinaus gibt es besonders schallgeschützte Rohre, die sich genauso leicht wie HT-Rohre verarbeiten lassen (siehe auch Seite 19).

Im Handel finden Sie außerdem Kunststoffrohre mit den Bezeichnungen KG (Kaltwasser-Grundrohr). Sie werden für die Abwasserführung im Erdreich eingesetzt. Der Einsatz dieser Rohre im Haus ist allerdings nicht empfehlenswert, da sie nur für Abwasser mit einer maximalen Temperatur von 60° Celsius ausgelegt sind. Heißeres Wasser darf nicht eingeleitet werden.

■ **Dehnungsausgleich**

Durch die hohen Temperaturunterschiede des Abwassers kommt es bei den Rohren zu Dehnungs- und Schrumpfungsbewegungen. Deshalb müssen Sie für einen ausreichenden Dehnungsausgleich sorgen. Bei zusammengesteckten HT-Rohren sind Sie hier auf der sicheren Seite: Das Material kann innerhalb der Steckverbindungen arbeiten, falls Sie die Rohre nicht bis zum Anschlag ineinander stecken, sondern einen Bewegungsspielraum von rund 1 cm vorsehen. Anders sieht dies bei verschweißten Abwasserrohren aus – hier muss mindestens alle 6 m eine Dehnungsmuffe eingesetzt werden.

■ **Gefälle**

Damit das Wasser in horizontalen Rohren abfließen kann, müssen diese mit Gefälle verlegt werden.

Die Neigung ist vom Rohrquerschnitt abhängig – mit einem Gefälle von 2 cm pro 1 m liegen Sie in der Regel richtig.

Beim Verlegen sollten Sie sich weitgehend an die Normvorgaben halten, denn sowohl ein zu geringes als auch ein zu starkes Gefälle wirkt sich negativ aus. Bei zu geringem Gefälle fließt das Schmutzwasser nicht vollständig ab: Das Rohr füllt sich, aus den Abläufen heraus entwickeln sich unangenehme Gerüche und auch die Geräuschentwicklung nimmt zu. Bei zu starkem Gefälle besteht die Gefahr, dass das Wasser zu schnell abfließt. Feststoffe werden dann nicht mit abgeschwemmt.

Brandschutz

Es besteht die Gefahr, dass sich Brände durch Abwasserleitungen oder durch Sanitärschächte ausbreiten. Bei Zwei- oder Mehrfamilienhäusern sind deshalb bei der Wasserinstallation besondere Brandschutzbestimmungen zu beachten. So ist beispielsweise bei Abwasserrohren, die durch Brandschutzbereiche trennende Decken geführt werden, eine Brandschutzmanschette vorgeschrieben. Die Brandschutzverordnungen sind von Bundesland zu Bundesland unterschiedlich – über detaillierte Bestimmungen informiert Sie die zuständige Brandschutzaufsicht.

Schallschutz

Vom permanent tropfenden Wasserhahn bis zur Toilettenspülung, die durch alle Stockwerke eines Mehrfamilienhauses zu hören ist: Geräusche, die durch fehlerhafte Sanitärinstallationen entstehen, können äußerst unangenehm sein. Der Gesetzgeber hat deshalb in der DIN 4109 der Bauordnung bundeseinheitlich bestimmte Höchstgrenzen für die Schallentwicklung durch Sanitärinstallationen festgelegt. Danach sind vor allem Schlaf- und Kinderzimmer, aber auch Wohn- und Arbeitszimmer als besonders lärmschutzwürdig ausgewiesen. Deshalb sollten Sie vermeiden, Wasserleitungen in Wänden oder Decken dieser Räume zu verlegen.

Eine der wesentlichen Lärmursachen ist der Körperschall in Metallrohren. Die Rohre selbst sind hervorragende Resonanzkörper und leiten Geräusche meterweit durchs Haus. Körperschall entsteht vor allem, wenn die Rohre an andere Bauteile anstoßen – so z. B. bei Wanddurchbrüchen oder -befestigungen. Vermeiden Sie deshalb jeden Kontakt zwischen Rohren und Mauer und setzen Sie nur Rohrschellen mit einer schalldämmenden Einlage aus Gummi oder elastischem Kunststoff ein. Statt Schellen können Sie auch schallmindernde Befestigungsschienen verwenden. Hohen Schallschutz bieten auch Isolationsschächte. Bei Mauer- und Deckendurchführungen werden die Leitungen mit Dämmmaterial ummantelt und durch ein Schutzrohr geführt. Gerade bei Durchbrüchen sollten Sie besonders sorgfältig arbeiten, um Schallübertragungen zwischen Metall und Mauerwerk zu vermeiden. Rohrleitungssysteme aus Kunststoff entwickeln wesentlich geringeren Körperschall als solche aus Kupfer – dennoch sollten Sie auch beim Verarbeiten von Kunststoff auf den Schallschutz achten.

Als besonders unangenehm werden Geräusche von Abwasserleitungen empfunden. Die entsprechenden Rohre gibt es in schallgedämmter Ausführung – der Handel führt sie als schallgedämmte Abwasserrohre. Solche Rohre empfehlen sich vor allem für Fallleitungen, die durch Wohnetagen führen.

Eine wesentliche Schallquelle sind die Aufprallgeräusche, die an Abzweigungen von senkrechten

auf waagerechte Abwasserrohre entstehen. Achten Sie deshalb darauf, die Schmutzwasserleitung möglichst strömungsgünstig zu verlegen. 90°-Winkel sind dabei unzulässig – ein Richtungswechsel wird immer aus zwei 45°-Umlenkungen installiert. Würden 90°-Winkel installiert, wäre nicht nur die Schallbelastung hoch – es könnte auch zu Stau und Nachsaugungen kommen.

Gurgelgeräusche können beim Ablassen von größeren Wassermengen entstehen. Sie vermeiden diese durch eine Vergrößerung des Leitungsquerschnitts gleich hinter dem Siphon.

Auch Armaturen erzeugen Schall. Bei zeitgerechten Bad- und Küchenarmaturen wird die Geräuschentwicklung konstruktiv auf ein Minimum reduziert. Diese Armaturen kennzeichnen Hersteller mit der Verpackungsaufschrift „Geräuschklasse I". Wenn sich kein derartiger Hinweis auf der Verpackung befindet, handelt es sich meist um Billigarmaturen der „Geräuschklasse II". Vergewissern Sie sich vor dem Kauf einer Armatur, dass diese den Kriterien der Geräuschklasse I entspricht.

Anders sieht dies bei einfachen Wasserhähnen aus, wie sie z. B. außen für die Gartenbewässerung eingesetzt werden. Hier sollten Sie auf eine schallmindernde Befestigung achten – beispielsweise mit gummigelagerten Halterungen.

Ein Richtungswechsel von 90° wird bei der Abwasserinstallation aus zwei 45°-Winkeln aufgebaut

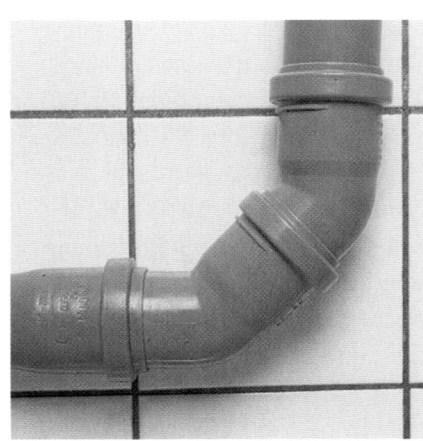

Wasserleitungen richtig verlegen

Für die Installation von Trinkwasserleitungen haben Sie die Wahl zwischen Kupfer- und Kunststoffrohren. Kupfer ist äußerst korrosionsbeständig und flexibel. Das Material gibt es in drei Ausführungen:

– Stangen- und Ringware für das Verlegen von Zuleitungen über größere Distanzen und die Grundinstallation im Haus
– Rollenware (verchromt) für den Anschluss von Armaturen
– Pressware für die professionelle Verarbeitung

Für Verbindungen und Abzweigungen bietet der Handel zahlreiche Formstücke an – so genannte Fittings. Darüber hinaus gibt es Schraubware für besondere Zuleitungen und Anschlüsse, z. B. von Wasserpumpen. Dabei werden die Rohre mit Überwurfmuttern untereinander verschraubt.

Die Grundinstallation im Haus mit Kupfer-Stangenware setzt allerdings den gekonnten Umgang mit dem Lötbrenner voraus – eine Arbeitstechnik, die nicht jeder Heimwerker beherrscht. Deshalb wird das Löten hier auch nur kurz beschrieben. Für den Heimwerker erläutern wir ausführlich die Installation mit Kunststoffrohren, da sich Trinkwasserleitungen aus Kunststoff ohne spezielle Vorkenntnisse verlegen lassen. Hierbei setzen Sie Verbindungen, Abzweigungen und Anschlüsse aus Messing ein, die nur verschraubt werden. Besonders einfach gestaltet sich die Installation darüber hinaus mithilfe spezieller Systemelemente wie beispielsweise Wasseranschlussdosen. Da sich die Rohre leicht biegen lassen, ist zudem der Einpassaufwand wesent-

Neben Kupferrohren führt der Handel auch ein breites Sortiment an Fittings. Hier ein T-Stück und je zwei 90°- und 45°-Bögen

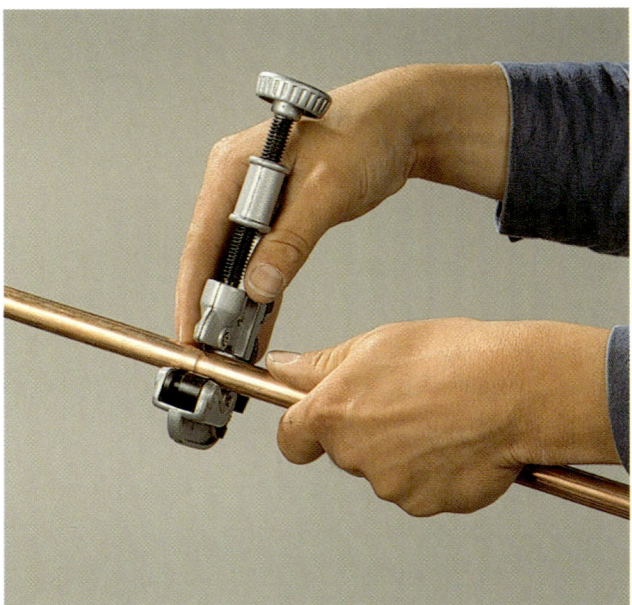

lich geringer als beim Verarbeiten von Kupfer.

Aber auch die Installation mit Kunststoff hat Nachteile: Die Fittings und Systemteile sind relativ teuer. Außerdem ist der Wärmeverlust bei Warmwasserleitungen höher als bei Kupferrohren. Schließlich müssen die Rohre sehr sorgfältig verbunden werden, damit keine Dichtprobleme entstehen.

Installation mit Kupferrohr

Die Grundinstallation im Haus mit Kupferrohren setzt eine genaue Planung voraus, da nicht nur für alle Abzweigungen und Anschlüsse besondere Formteile benötigt werden, sondern auch für jeden Übergang und jeden Richtungswechsel.

Ermitteln Sie also vor Beginn der Installation alle Längen und Winkel, zeichnen Sie einen genauen Plan und ermitteln Sie den exakten Bedarf an Bögen, T-Stücken, Muffen, Übergängen, Rohren und Wandbefestigungen. Für die Aufputzinstallation und die geraden Verläufe setzen Sie starre Stangen ein; für die Unterputzinstallation kommt überall dort biegsame Ware in Frage, wo ausreichend Platz für größere Radien bei Richtungswechseln vorhanden ist. So sparen Sie sich das Löten von Bögen.

Kupferrohre bringen Sie mit einem Rohrschneider auf die gewünschte Länge

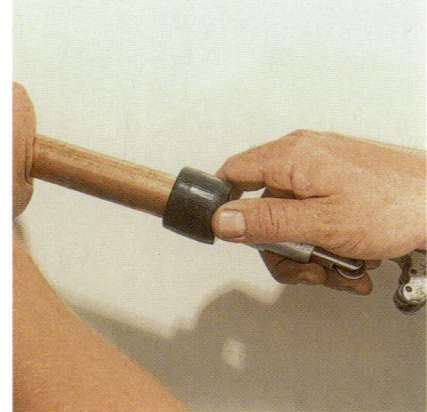

Verformte Rohre sind vor dem Verlöten mit Kalibrierdorn und -ring unbedingt wieder in Form zu bringen

Kupferrohr bietet der Handel in verschiedenen Durchmessern an. Für Steig- und Verteilleitungen empfiehlt sich Rohr mit einem Durchmesser von 22 oder 32 mm, bei Anschlussleitungen sind 15 oder 18 mm völlig ausreichend.

Kupferrohre darf man nur weichlöten, also mit einer Temperatur von maximal 400° Celsius bearbeiten. Das Hartlöten im Temperaturbereich von mehr als 450° Celsius beziehungsweise mit speziellen Hartloten ab 300° Celsius ist bei der Trinkwasserinstallation erst ab einem Querschnitt von 28 mm zulässig. Hartlöten überlässt man am besten einem Fachmann.

Bei Pressware werden Leitungen nicht verlötet, sondern mit einer speziellen Presszange verbunden. Das geht wesentlich schneller als Löten. Deshalb setzen Profis dieses Material bevorzugt ein. Für den Heimwerker ist Pressen allerdings nicht empfehlenswert: Der Umgang mit der Presszange will perfekt gelernt sein.

Stangenware verarbeiten

Das Verlegen von starren Kupferrohren gliedert sich in folgende Arbeitsschritte:

Zuschneiden und Entgraten

Dazu setzen Sie den speziellen Rohrschneider an der Trennstelle an, drehen das Schneiderad mit leichtem Druck an und ziehen dann den Rohrschneider um das Rohr herum. Der Arbeitsgang wird unter ständigem Nachziehen des Schneiderads so lange wiederholt, bis das Rohr durchtrennt ist.

Löten ist die traditionelle Methode der Trinkwasserinstallation

Damit keine Fließgeräusche entstehen, entgraten Sie die Trennstelle. Dazu Entgrater in das Rohr führen und drehen, bis die Trennstelle frei von Graten ist. Bei verformten Trennstellen müssen Sie zusätzlich kalibrieren, also das Rohr auf den gewünschten, runden Durchmesser bringen. Dazu schlagen Sie den Kalibrierdorn ein und setzen von außen den Kalibrierring an.

Weichlöten
Vor dem Löten das Rohrende und die Muffe des Fittings mit einem Schleifvlies oder feinem Schleifpapier blank schleifen. Nur bei gereinigter Fläche kann das Zinn mit dem Kupfer eine neue Legierung bilden. Dann das Flussmittel auf das Rohrende aufbringen. Die Paste optimiert das Fließverhalten des Lötzinns. Zu verbindende Teile ineinander stecken und mit dem Lötbrenner rundum so lange gleichmäßig erwärmen, bis das Flussmittel eine leichte Rauchentwicklung zeigt. Lötbrenner abwenden und das Zinn an die Nahtstelle halten. Es verfließt und rinnt in den Spalt. Das Zinn muss rundum ohne Unterbrechung verlaufen.

Verlegen und Prüfen
Wasserleitungen können Sie auf und unter Putz verlegen. Zu Stromkabeln oder anderen Leitungen – z. B. Gasrohren – halten Sie dabei einen Abstand von mindestens 20 cm ein. Für die Unterputzinstallation stemmen Sie die betreffende Wand oder Decke so weit auf, dass die Trinkwasserleitungen mit Isolierung komplett versenkt werden können.

Statische Probleme entstehen durch das Aufschlitzen von Wänden nicht, wenn Sie die Schlitze lediglich in Rohrstärke ausführen. Die Rohre müssen so tief sitzen, dass die Schlitze nach der Installation unsichtbar verputzt werden können. Prüfen Sie in jedem Fall vor dem Befestigen der Rohre in der Wand die Passgenauigkeit durch provisorisches Einhalten. Verwenden Sie für die Rohre auf und unter Putz schalldämmende Schellen (siehe auch ab Seite 19).

Nachdem Sie die neuen Wasserleitungen komplett verlegt und mit Rohrschellen an oder in der Wand befestigt haben, sollten Sie Ihr

Mit einer Biegefeder wird vermieden, dass das dünnwandige Kupferrohr beim Biegen knickt

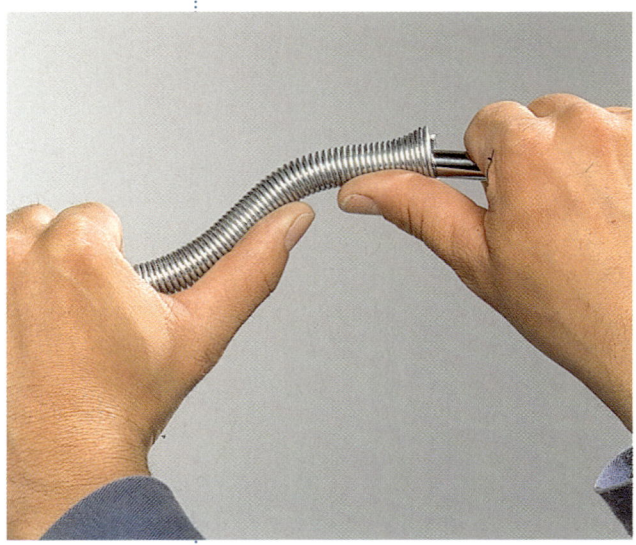

Trinkwassersystem auf Dichtigkeit prüfen. Dazu drehen Sie an den Entnahmestellen provisorisch alle Wasserhähne auf. Zunächst wird das ganze Leitungssystem gründlich durchgespült, anschließend werden die Wasserhähne an den Entnahmestellen verschlossen. Dadurch baut sich der normale Wasserdruck in den Leitungen auf – eventuelle Leckagen zeigen sich sofort.

Vor der endgültigen Befestigung der Rohre sollten Sie prüfen, ob die gelöteten Abzweige und Richtungswechsel in die Wandausschnitte passen

Biegsames Rohr verarbeiten

Auch biegsames Kupferrohr wird weichgelötet – die Arbeitsschritte beim Löten gleichen denen der Bearbeitung von starrem Rohr. Beim Verlegen leistet eine Biegefeder wertvolle Hilfe. Die Feder gibt es passend für jeden gängigen Rohrdurchmesser. Mit ihr lässt sich das Rohr leicht in jede gewünschte Richtung biegen. Durch die Biegefeder vermeiden Sie, dass das dünne Rohr beim Biegen knickt. Außerdem können Sie damit jeden gewünschten Biegegrad formgerecht erzielen.

Schieben Sie die Feder mit der trichterförmigen Öffnung auf das Rohr. Da die Feder nur in Richtung des Trichters wieder abgezogen werden kann, empfiehlt es sich, die Feder am kürzeren Rohrende aufzuziehen. Gebogen wird mit der Hand.

Zur Befestigung sollten Sie ausschließlich gummigelagerte Schellen einsetzen

Schraubverbindungen

Bei Schraubware ist kein Löten erforderlich. Rohre und Fittings werden einfach nur aufeinander geschraubt. An den Rohrenden finden sich immer Außengewinde, an den Fittings hingegen Innengewinde. Außen- und Innengewinde müssen exakt zueinander passen – für den Wechsel von Rohrdurchmessern bietet der Fachhandel entsprechende Übergänge an. Beachten Sie, dass die Rohre und Fittings für die Installation von Trinkwas-

Schraubware verarbeiten:

Gewinde anrauen (o. l.), mit Hanf umwickeln (o. r.) und Dichtpaste dünn auftragen (u. l.). Dann Rohre verschrauben (u. r.)

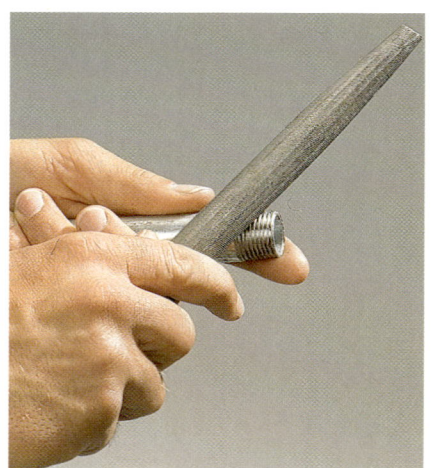

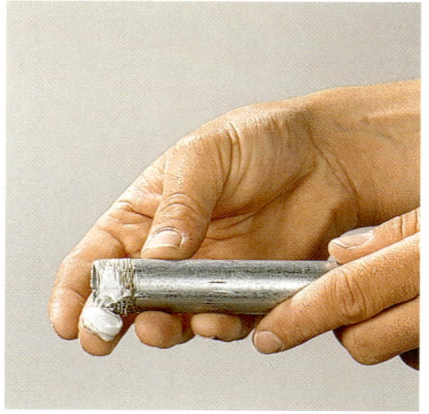

serleitungen und nicht nur für Brauchwasserleitungen zugelassen sind (siehe ab Seite 15).

Beim Verschrauben von Rohren und Fittings kommt es auf absolute Dichtigkeit an. Um dies zu erreichen, wird das Außengewinde des Rohrs entweder mit Hanf und Dichtpaste (Herstellername: Neofermit) oder mit einem Teflonband bezogen. Beim Zusammendrehen entsteht eine absolut dichte Verbindung. Damit der Hanf besser auf dem Gewinde haftet, können

Sie das Außengewinde des Rohrs mit einer Feile leicht anrauen oder mit einem Metallsägeblatt anzahnen. Achten Sie hierbei aber darauf, dass Sie das Gewinde nicht beschädigen.

Beim Aufbringen des Hanfs empfiehlt es sich, den vordersten Gewindegang frei zu halten. So lässt sich das Außengewinde leichter aufschrauben und es ragen keine Hanfreste in die Trinkwasserleitung. Der Hanf wird fest um das Gewinde gewickelt und dann mit

Dichtpaste verschmiert. Hanf und Paste sollten nur eine dünne Schicht auf dem Gewinde bilden – andernfalls lässt sich das Gegengewinde nur schwer aufschrauben.

Teflonband erfüllt den gleichen Zweck wie Hanf und Paste und ist leichter aufzubringen. Allerdings hat Teflonband einen Nachteil: Während Sie bei der Montage mit Hanf und Dichtpaste eine etwas zu weit geschraubte Verbindung auch wieder leicht lösen können, ohne dass die Dichtigkeit leidet, ist dies bei Teflonband nicht möglich.

Wenn Sie hier die Verbindung auch nur leicht zurückdrehen, um z. B. einen etwas schief sitzenden Wasserhahn in die richtige Position zu bringen, müssen Sie die Verbindung ganz lösen und neues Band aufbringen. Deshalb empfiehlt sich Teflonband immer nur dort, wo Verbindungen keinesfalls wieder gelöst werden sollen. Eine Wasserpumpe im Garten, die im Winter wegen der Frostgefahr demontiert wird, sollten Sie also auf jeden Fall mit Hanf und Neofermit abdichten.

Wasserleitungen aus Kunststoff

Trinkwasser-Leitungssysteme aus Kunststoff vereinfachen die Grundinstallation eines Hauses erheblich. Nicht nur, dass dabei nicht gelötet werden muss: Durchdachte Systemteile wie Unterputz-Anschlussdosen oder Stockwerk-Verteilkästen erleichtern und beschleunigen die Arbeitsgänge.

Die Rohre bestehen aus vernetztem Polyethylen. Es gibt sie in verschiedenen Durchmessern und Ausführungen: Starre 25-mm-Rohre setzt man für Steigleitungen ein, flexible, leicht biegsame 16-mm-Rohre für die Anschlussleitungen. Die Wasser führende Leitung wird dabei von einer Ummantelung geschützt.

Die Rohre gibt es auch als stabiles Verbundmaterial mit Aluminiumkern und Ummantelung. Darüber hinaus sind auch Kunststoffrohre zum Verpressen für die professionelle Installation lieferbar.

Trinkwasserleitungen aus Kunststoff sind besonders verlegefreundlich, weil sie nicht verlötet werden müssen

Im Gegensatz zu Kupferrohren lassen sich die Kunststoffleitungen leicht mit einer Spezialschere auf die richtige Länge bringen

Für den Übergang von Kupfer- auf Kunststoffrohre gibt es spezielle Fittings

Das Sortiment an Fittings, Dosen und Ventilen ist auch bei Kunststoffsystemen umfangreich:

1 drei Adapter
2 Kupplung
3 Absperrventil
4 Dreifachverteiler
5 zwei Anschlussdosen
6 T-Stück
7 Winkel

Kunststoffrohr verarbeiten

Die Grundarbeitsschritte sind denkbar einfach: Rohr auf die gewünschte Länge zuschneiden und dann mit den erforderlichen Fittings verschrauben. Spezielle Dichtungen benötigen Sie nicht. Für das Zuschneiden empfiehlt sich eine Spezialschere, die Sie im Fachhandel häufig auch ausleihen können. Weiteres Spezialwerkzeug ist nicht erforderlich. Wie bei der Installation mit Kupfer ist auch hier eine sorgfältige Planung der Schlüssel zum Erfolg. Besonders von den Fittings sollten Sie eine vollständige Materialliste erstellen. Für das Verarbeiten sind nämlich eine ganze Reihe von Kleinteilen erforderlich: von Verbindern über Absperrventile bis hin zu Anschlussdosen und Verteilerkästen.

Die Systeme machen vor allem die Installation von Auslassventilen
(weiter Seite 31)

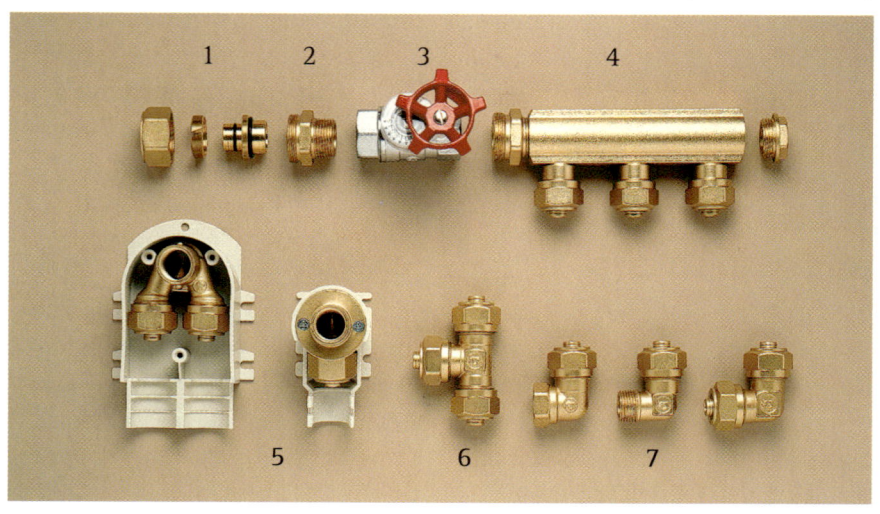

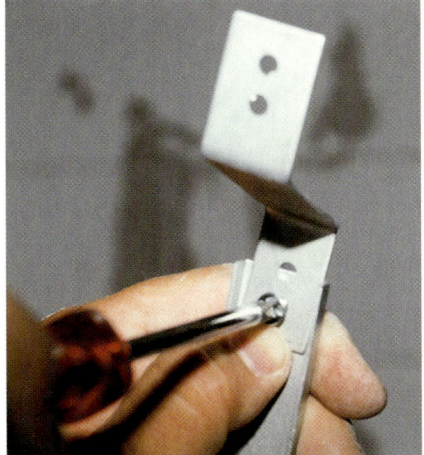

Zunächst stemmen Sie die Wand für die Wasseranschlussdosen auf (o. l.). Dann Befestigungswinkel für die Montagedosen aufschrauben (o. r.) und die Dosen selbst auf der Schiene montieren (M. l.). Die Einheit dann in die Wand einsetzen (M. r.). Jetzt Zuleitung an das Messingfitting der Dose anschrauben (u. l.) und in die Dose einsetzen (u. r.)

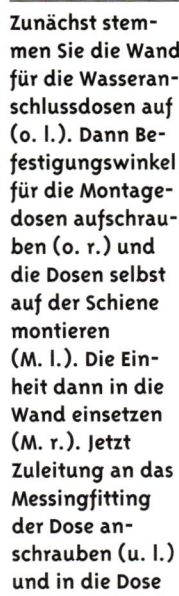

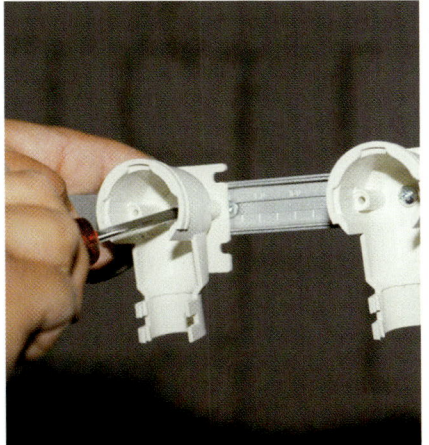

Verteilerkasten installieren:

Zwischen Wasserzuführung und Verteilereinheit wird zunächst ein Absperrventil zwischenmontiert (o. l.). Auf das andere Ende der Verteilereinheit schrauben Sie einen Blindstopfen auf (o. r.). Dann Verteilereinheit im Verteilerkasten anschrauben (M. l.) und den Kasten an der Wand befestigen (M. r.). Abschließend Wasserzufuhr anlegen (u. l.) und die Verteilleitungen installieren (u. r.)

leicht. Die werden – ähnlich wie bei der Elektroinstallation – mit Anschlussdosen erstellt. An der gewünschten Entnahmeposition wird die Wand aufgestemmt, dann die Dose eingesetzt und schließlich mit der Leitung verschraubt. Durch variable Haltebügel lässt sich dabei die Einbauposition von einer oder mehreren Entnahmestellen exakt einhalten. Der Fachhandel bietet die Dosen in verschiedenen Ausführungen an, so z. B. speziell für Gipskartonwände.

Innerhalb eines Stockwerks oder Nassbereichs haben Sie die Wahl zwischen einer sternförmigen Wasserführung und einer Ringleitung. Bei der sternförmigen Verlegung fließt das Wasser von einem Vertei-

ler aus zu den einzelnen Auslassventilen, bei der Ringleitung hingegen von einer Entnahmestelle zur nächsten.

Wie bei der Verarbeitung von Kupfer erfolgt die Installation auf dem Rohboden – die Wasserleitungen verschwinden anschließend im Estrich. Beim Verlegen auf dem Boden sollten Sie die Leitungen in jedem Fall mit Schellen fixieren. Setzen Sie dazu schalldämmende Schellen mit Gummieinlage ein, die eine Schallübertragung auf die Geschossdecke verhindern.

Wie bei der Installation mit Kupfer sollten Sie auch hier vor dem Verputzen von Armaturen und Leitungen das komplette Leitungssystem auf Dichtigkeit prüfen.

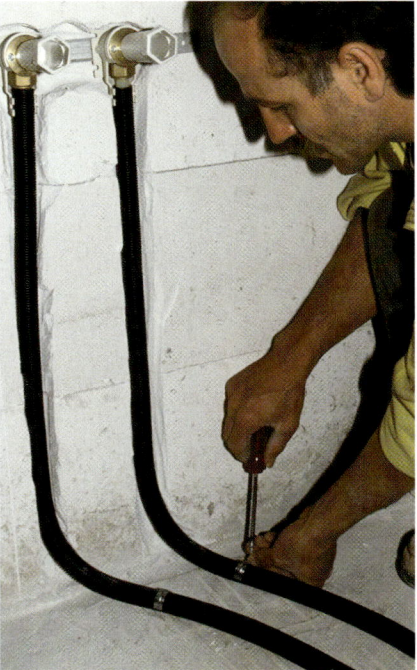

Für Steigleitungen oder lange Verteilleitungen setzen Sie starre Rohre ein, kürzere Verteilleitungen hingegen installieren Sie aus flexiblen Rohren

Anschluss von Armaturen

Armaturen und dezentrale Warmwassergeräte werden meist über dünne, verchromte Kupferröhren mit Eckventil – so nennt man den Wasserauslass mit Absperreinrichtung – verbunden und mithilfe von Quetschverbindungen angeschlossen.

Alternativ dazu können Sie die Armatur auch mit einem flexiblen Druckschlauch – einem so genannten Anschlussschlauch – an das Eckventil anlegen. Die Installation ist wesentlich einfacher, da die Rohre nicht passend gekürzt und gebogen werden müssen. Die Schläuche sind dabei nur geringfügig teurer als Rohre.

Für die Installation mit den leicht biegsamen Kupferröhrchen bietet der Fachhandel ein breites Sortiment an Fittings an: Das Spektrum reicht von Überwurfmuttern über T-Stücke bis hin zu Absperrventilen. So können Sie z. B. an einem Wasserauslass neben der Armatur auch ein zusätzliches Absperrventil installieren, beispielsweise in der Küche für die Wasserversorgung der Spülmaschine.

Bei der Installation kürzen Sie die Röhrchen zunächst mit einem Rohrschneider (Arbeitsanleitung siehe Seite 22–23) oder einer feinzahnigen Metallsäge auf die richtige Länge. Die Schnittstelle sollten Sie mit einer kleinen Rundfeile oder Schleifpapier säubern und entgraten. Zum Verbinden schieben Sie auf das Rohrende Über-

Armaturen können Sie am einfachsten mit Anschlussschläuchen an Eckventile anlegen

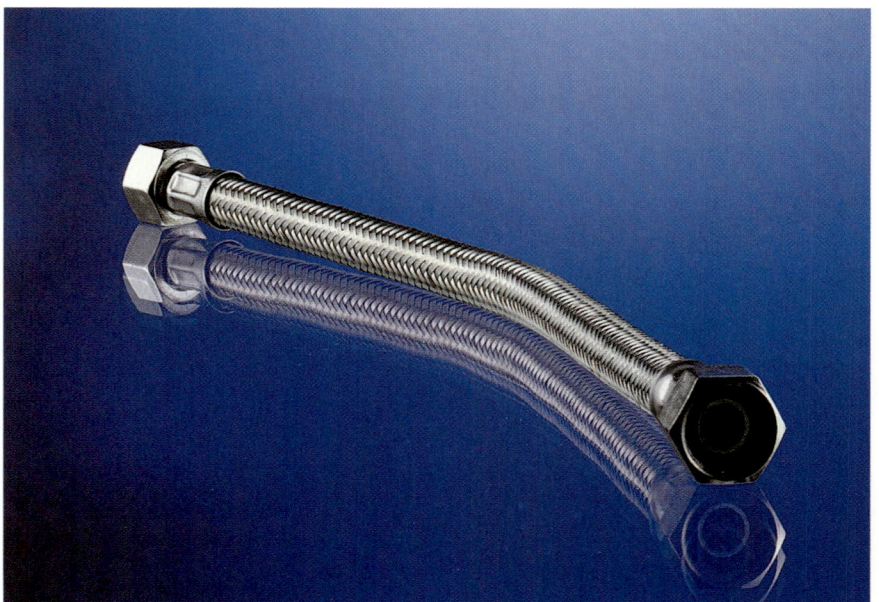

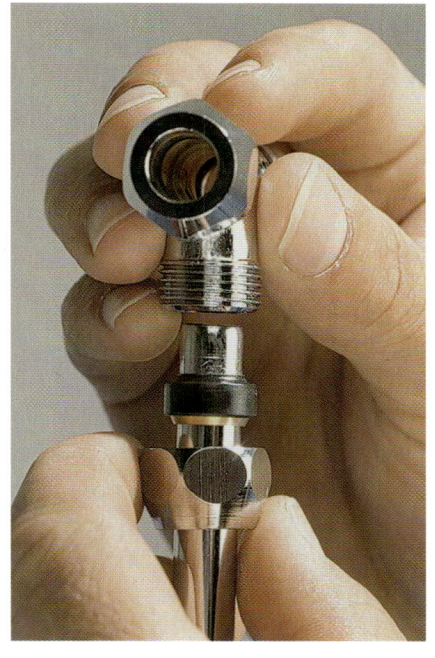

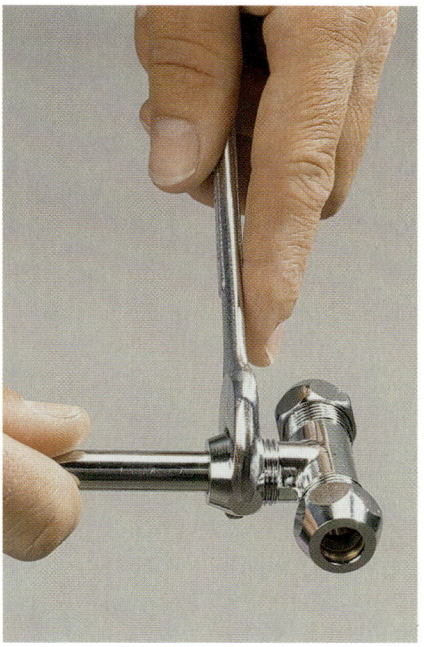

**Quetschverbin-
dung erstellen:**
Rohre auf die
richtige Länge
kürzen, Über-
wurfmutter und
Dichtkonus,
Unterlegscheibe
und Dichtung
aufschieben. Von
oben dann Fit-
ting gegensetzen
(l.) und mit
Gabelschlüssel
fest anziehen

wurfmutter, Dichtkonus, Unterlegscheibe und Dichtung (diese Reihenfolge einhalten). Dann stecken
Sie das Rohr auf das Gegenstück.
Achten Sie darauf, dass das Rohr
gerade in das Fitting eingeführt
wird und nicht verkantet.

Bei einer Verlängerung sitzen
die Rohre auf Stoß aneinander, bei
allen anderen Verbindungen schieben Sie das Röhrchen bis zum
Anschlag ein. Mit der Hand wird
dann die Überwurfmutter auf das
Außengewinde geschraubt und abschließend mit einem Gabelschlüssel fest und damit dicht angezogen.
Lediglich bei Verlängerungen
benötigen Sie einen zweiten Gabelschlüssel zum Kontern der beiden
Muttern.

PRAXIS-TIPP

Die Quetschverbindungen bleiben
sichtbar. Deshalb sollten Sie bei der
Montage darauf achten, dass die Überwurfmuttern nicht verkratzen. Am einfachsten verhindern Sie dies, indem
Sie die Mutter mit Klebeband umwickeln — so hinterlässt der Gabelschlüssel beim Schrauben keine Spuren.

Abwasserrohre richtig verlegen

Abwasserrohre aus Kunststoff lassen sich sehr gut in Eigenleistung verlegen. Das Material ist leicht zu bearbeiten und die selbstdichtenden Steckverbindungen vereinfachen die Installation erheblich.

HT-Rohre gibt es in unterschiedlichen Durchmessern – für Übergänge und Abzweigungen bietet der Handel ein breites Sortiment an entsprechenden Formteilen an.

Bei der Planung der Abwasserleitungen sollten Sie auf strömungsgünstige Wege achten.

Rechtwinklige Umleitungen von 90° sind nicht zulässig, da sie zu Staubildungen mit Geruchsverschlüssen und zu starker Geräuschentwicklung führen können. Ein solcher 90°-Richtungswechsel wird strömungsgünstig aus zwei 45°-Umlenkungen aufgebaut (siehe auch Seite 20).

Keinesfalls sollten Sie auf Revisionsöffnungen verzichten. Sie sind vor allem am Ende von Fallleitungen einzuplanen. Für die Wandbefestigung bietet der Fachhandel für jeden Rohrquerschnitt passende Schellen an. Aus Lärmschutzgründen sollten Sie – wie bei der Trinkwasserinstallation – nur schallisolierende Befestigungen einsetzen.

Die Rohre lassen sich leicht mit einer feinzahnigen Säge durchtrennen. Achten Sie auf einen geraden Schnitt – eine Gehrungslade leistet dabei wertvolle Hilfe. Die Schnittstelle entgraten und säubern Sie anschließend mit einer feinen Halbrundfeile oder mit Schleifpapier. Damit beim Zusammenstecken die Rohre gut ineinander gleiten, tragen Sie rundum Gleitmittel auf.

Abwasserrohre bietet der Handel auch in schallgedämmter Ausführung an

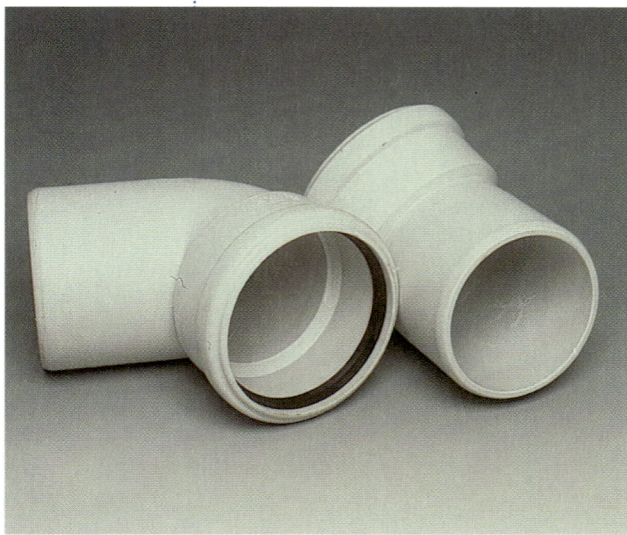

Schieben Sie die Rohre nicht bis zum Anschlag ineinander, sondern sorgen Sie für einen Dehnungsausgleich von rund 1 cm.

Wie viele Befestigungen Sie einplanen müssen, ist vom Rohrdurchmesser abhängig. Die Faustformel lautet: Bei senkrechter Verlegung in Abständen von 15 x Rohrdurchmesser, bei waagerechter Verlegung von 10 x Rohrdurchmesser eine Schelle setzen.

Beispiel: Bei einem Rohrdurchmesser von 50 mm sollten Sie also bei waagerechter Verlegung alle 50 cm eine Befestigung anbringen, bei senkrechter Verlegung alle 75 cm.

Schellen sollten Sie dabei nicht direkt unter oder über Decken und Böden anbringen. Profis setzen die oberste bzw. unterste Schelle in einem Abstand von 10–12 cm zu Decke und Boden.

Achten Sie bei waagerechter Verlegung auf das richtige Gefälle (siehe Seite 18). Mit 2 % Gefälle liegen Sie in fast allen Fällen richtig – wesentlich mehr oder weniger Neigung verhindert, dass das Abwasser optimal abfließt.

Bevor Sie die Schellen in der Wand befestigen, empfiehlt es sich, das Rohr provisorisch anzuhalten und das Gefälle mit einer Wasserwaage zu prüfen. Erst wenn das Gefälle stimmt, wird die Schelle befestigt.

HT-Rohre verarbeiten:
Rohr mit einer Säge in der Gehrungslade auf die richtige Länge kürzen (o.). Mit einer Rundfeile oder Schleifpapier entgraten (M.). Etwas Gleitmittel auf die Gummidichtung aufbringen (u.) und Rohre ineinander stecken

Nachträglich einen Abzweig montieren

Ein bestehendes Abwassersystem lässt sich leicht um einen zusätzlichen Abzweig erweitern. Dazu benötigen Sie ein Rohrstück mit Abzweig und eine doppelseitige Steckmuffe. Stattdessen können Sie auch eine Schiebemuffe einsetzen. Mit einem Filzstift markieren Sie auf dem Abwasserrohr die komplette Länge des Abzweigs.

Dann trennen Sie mit einer feinzahnigen Säge das markierte Stück aus dem bestehenden Abwasserrohr heraus. Die Schnittstellen entgraten Sie anschließend mit Schleifpapier. Jetzt Abzweig von unten nach oben auf das obere Rohr aufstecken und ganz nach oben durchschieben. Dann Steckmuffe auf das untere Rohr aufstecken. Abschließend den Abzweig wieder ein Stück herunterschieben, sodass eine durchgehende Verbindung entsteht.

Abzweig nachträglich montieren:
Montageposition der Überwurf- oder Schiebemuffe auf dem Rohr anzeichnen (o. l.) und Rohrstück heraussägen (o. r.). Muffe nach unten durchschieben und Abzweig aufsetzen. Muffe wieder nach oben schieben (u. r.) und dann Abwasserzuführung zum Abzweig montieren (u. r.)

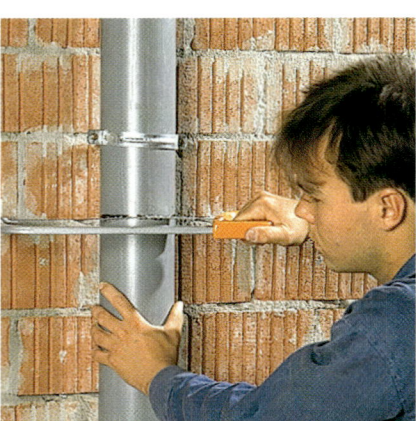

Kleine Reparaturen an Armaturen

Ein tropfender Wasserhahn kostet nicht nur Nerven, sondern vergeudet auch unnötig Wasser. Die notwendige Reparatur kann man leicht selbst ausführen. Welche Arbeitsschritte erforderlich sind, ist von der Armatur abhängig: Beim „klassischen" Wasserhahn – in der Fachsprache Zapf- oder Auslaufventil genannt – muss die Dichtung gewechselt werden, bei Einhebelmischern hingegen sind die keramische Scheibe oder gar die gesamte Kartusche zu erneuern.

In jedem Fall muss das Ersatzteil exakt zur Armatur passen. Bei Dichtungen ist dies kein Problem – in jedem handelsüblichen Dichtungssortiment findet sich in der Regel auch die passende Dichtung für den tropfenden Hahn.

Anders sieht dies bei den Einhebelmischern aus: Hier sollten Sie unbedingt zu Originalersatzteilen des Herstellers greifen. Um das passende Teil im Fachhandel besorgen zu können, müssen Sie entweder das defekte Teil vorlegen oder die exakte Hersteller- und Typenbezeichnung der Armatur oder der Kartusche kennen.

Gummidichtung erneuern

Ursache des tropfenden Wasserhahns sind Deformierungen der Dichtung durch die dauerhafte mechanische Beanspruchung und mineralische Ablagerungen durch den Wasserdurchfluss. Gummidichtungen sind dabei weitaus störanfälliger als moderne keramische Dichtscheiben. Deshalb sind zeitgemäße Armaturen mit keramischen Dichtungen weitaus seltener reparaturbedürftig.

Sortiment an Dichtungen. Alte spröde Dichtungen können mit Heißwasserfett, auch Armaturenfett genannt, wieder elastisch und funktionstüchtig gemacht werden

Dichtung am Ventiloberteil wechseln:

Falls vorhanden, Sicherungs-schraube des Bedienhebels lösen und diesen abziehen (o.). Ventiloberteil herausziehen und defekten O-Ring austauschen (M.). Abschließend Ventiloberteil wieder einsetzen, Bedienhebel aufbringen und gegebenenfalls festschrauben. Wenn sich im Innengewinde Kalkablagerungen angesetzt haben sollten, entfernen Sie diese am besten mit einem Ventilfräser (u.)

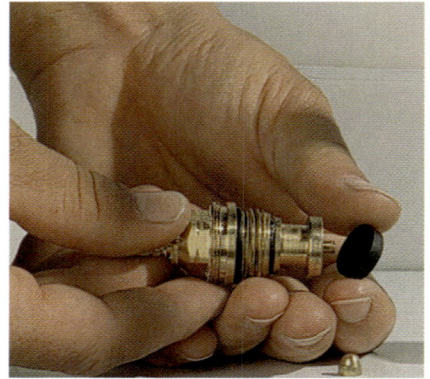

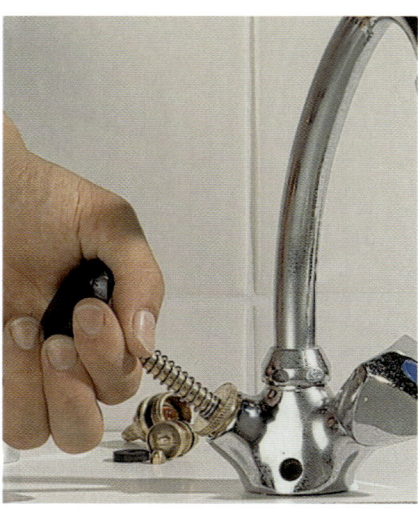

Vor jeder Reparatur an einer Armatur müssen Sie die Wasserzuführung absperren.

Bei jedem Auslaufventil muss zunächst der Bediengriff abgezogen werden. Bei einigen Armaturen ist er nur aufgesteckt, bei anderen mit einer Sicherungsschraube fixiert. Die befindet sich zumeist – unter einer Kappe versteckt – oben in der Mitte des Bediengriffs (die Kappe vorsichtig lösen).

Das darunter liegende Ventiloberteil lösen Sie mit einem Gabelschlüssel und schrauben es dann komplett heraus. Tropft der Hahn, ist die ganz unten sitzende Dichtung, die so genannte Hahn- oder Ventilscheibe, defekt. Bei vielen Ventiloberteilen ist sie mit einer kleinen Mutter gesichert.

Wenn Wasser direkt am Armaturenkörper austritt, sind die schwarzen Ringdichtungen am Ventiloberteil zu wechseln; diese Dichtungen werden als O-Ringe bezeichnet. Ein O-Ring mit relativ großem Durchmesser befindet sich immer außen am Ventilkörper. Er wird einfach abgestreift und durch einen neuen ersetzt.

Im Ventilkörper selbst befinden sich weitere O-Ringe. Wenn Sie diese Dichtungen erneuern wollen, muss der Ventilkörper demontiert werden. Dazu lösen Sie den Splint am Kopf des Ventilkörpers. Jetzt lässt sich das Unterteil herausziehen – die zu wechselnden O-Ringe werden sichtbar.

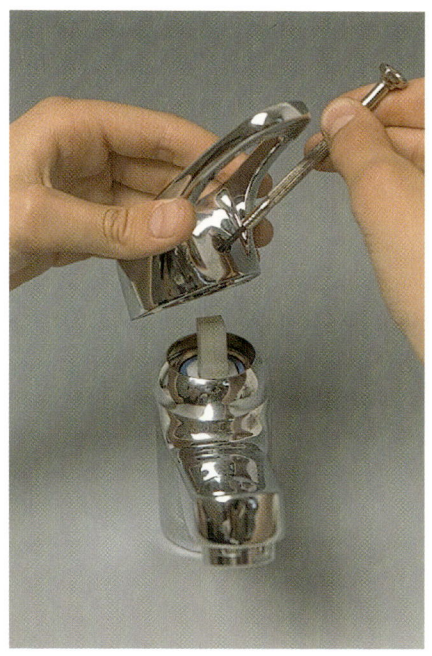

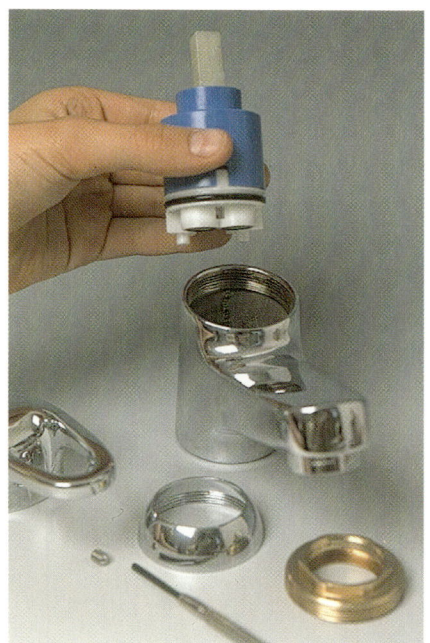

Kartusche wechseln:

Sicherungs-
schraube des
Bedienhebels
lösen (l.) und
Kartusche
herausnehmen
(r.). Neue Kartu-
sche einsetzen
und Bedienhebel
wieder befes-
tigen

Tropfende Einhebelmischer

Nicht bei jedem tropfenden Einhebelmischer müssen Dichtungen
erneuert werden. Testen Sie zunächst, ob sich nicht nur Schmutz
abgelagert hat. Durch mehrmaliges
ruckartiges Öffnen und Schließen
des Mischers kann er unter Umständen herausgespült werden –
dann erübrigt sich eine Reparatur.

Müssen Sie hingegen Dichtungs-
satz oder Kartusche erneuern, gilt
es zunächst den Bedienhebel abzu-
ziehen. Er ist zumeist durch eine
versteckte Schraube gesichert.
Nach dem Lösen des Bedienhebels
lässt sich die Kartusche komplett
herausziehen und erneuern. Wenn
für die Armatur passende Dich-
tungssätze erhältlich sind, montieren Sie diese nach Hersteller-
angaben.

Badinstallation

- **Badplanung und Materialauswahl**
- **Vorwandinstallation im Badezimmer**
- **Montage von Sanitärobjekten**

Badplanung und Materialauswahl

Die Installation von Trink- und Abwasserleitungen im Bad setzt eine umfangreiche Badplanung voraus. Bevor Sie Leitungen verlegen, muss nicht nur feststehen, wo genau Waschbecken, WC, Dusche oder Wanne installiert werden sollen. Es kommt zudem auch auf die Art der Sanitärobjekte und Armaturen an. Bei stehenden WCs wird beispielsweise das Abwasser in der Regel nach unten in den Boden geführt, bei hängenden hingegen in die Wand. Und bei der Wasserversorgung der Badewanne kommt es in Bezug auf die Zuleitungen darauf an, welche Armaturen wie montiert werden.

Die Beispiele zeigen, wie viele Details bei der Badplanung zu berücksichtigen sind. Wenn Sie ein neues Bad planen, empfiehlt es sich, zuerst Sanitärobjekte und Armaturen auszusuchen und dann Wasser- und Abwasserleitungen zu planen. Bei der Renovierung eines Badezimmers senken Sie den Arbeitsaufwand und die Kosten, wenn Sie keine oder nur wenige Leitungen neu verlegen. Empfehlenswert ist, eine maßgenaue Zeichnung des Bads zu erstellen, in der auch alle Auslaufventile und Abwasseranschlüsse exakt eingezeichnet sind. Dementsprechend suchen Sie dann neue Sanitärobjekte und Armaturen so aus, dass die vorhandene Installation optimal genutzt werden kann.

Der wichtigste Planungsgrundsatz lautet: Vor jedem Sanitär-

Vor allem bei der Planung von kleinen Bädern kommt es darauf an, dass vor jedem Objekt genug Bewegungsspielraum verbleibt

objekt müssen mindestens 80 cm Bewegungsfreiraum verbleiben. Andernfalls wirkt ein Badezimmer immer überladen. Bei gegenüberliegenden Objekten muss der freie Raum nicht zwangsläufig verdoppelt werden – hier reicht ein Zwischenraum von rund 100 cm aus.

Badezimmer sind in vielen Häusern relativ klein – und das zwingt zu einer Objektverteilung, die möglichst wenig Raum verschenkt. Dabei sollten Sie vor allem auf Fenster und Türen achten: Bedenken Sie, dass im Schwenkbereich der Tür kein Nutzungsbereich für ein Sanitärobjekt liegen darf – andernfalls besteht die Gefahr, dass ein Badbenutzer beim Öffnen der Tür durch einen Mitbewohner angerempelt oder gar verletzt wird. Fenster sollten zugänglich bleiben und sich daher beispielsweise nicht hinter einer Badewanne befinden; dann lassen sie sich meist nur noch umständlich öffnen.

Die Installation von Leitungen gestaltet sich einfacher und kostengünstiger, wenn die Zu- und Ableitungen für die Sanitärobjekte nicht über den ganzen Raum verteilt werden müssen. Günstiger ist es daher immer, Objekte nur an zwei anstatt an allen vier Wänden anzuordnen.

Bei größeren Bädern lockern Zwischenwände die Badgestaltung auf. So können z. B. halbhohe Wände das WC aus dem direkten Blickbereich nehmen. In größeren Räumen kann auch eine Waschinsel mit zwei gegenüberliegend angeordneten Waschbecken eine interessante Planungsalternative darstellen.

Normen und Maße

Praxiserprobte Richtwerte erleichtern die Planung. Im Bad sind fast alle Maße durch einschlägige Nor-

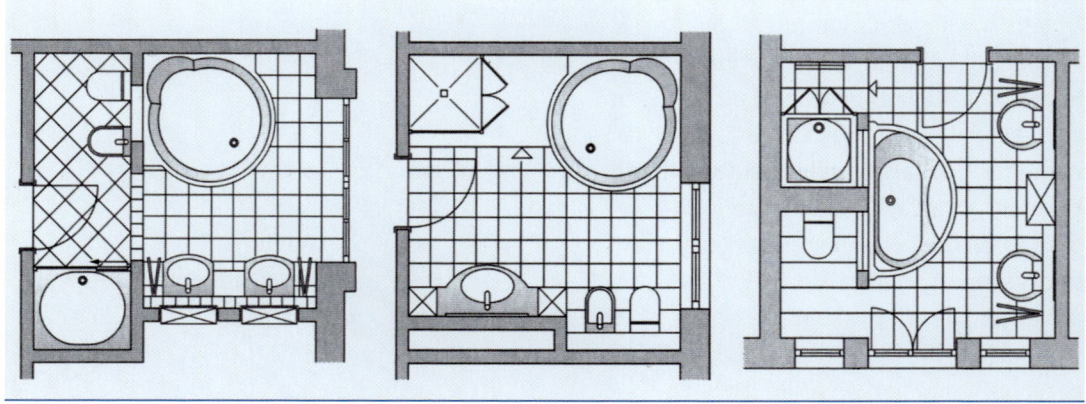

Planungsbeispiele: links: Unterteilung mit Trennwänden; Mitte: klassische offene Gestaltung; rechts: Die Badewanne nimmt eine zentrale Position in der Raummitte ein

men festgelegt. Das gilt sowohl für die Einrichtungsgegenstände als auch für die Stell- und Bewegungsflächen sowie die Abstände der Ausstattungsgegenstände voneinander. Die Maße sind in den DIN-Normen 18 022 und 18 011 so detailliert vorgegeben, dass die Gestaltung des Bads wie in einem Baukasten erfolgen kann. Im Sanitärfachhandel erfolgt die Planung meist virtuell mithilfe einer speziellen Computersoftware. Wichtig bei der Planung ist das Festlegen der Positionen für die Sanitäranschlüsse (seitens des Elektrikers auch jene für die Elektroanschlüsse), denn spätere Änderungen sind nicht oder nur noch sehr schwer möglich.

Maße für Einrichtungsgegenstände in Bad und WC		
Ausstattungsgegenstand	Stellfläche	
	Breite	Tiefe
Waschtische, Hand- und Sitzwaschbecken (Bidets)		
Einzelwaschtische	60 cm	55 cm
Doppelwaschtische	120 cm	55 cm
Einbauwaschtische mit einem Becken und Unterschrank	70 cm	60 cm
Einbauwaschtische mit zwei Becken und Unterschrank	140 cm	60 cm
Handwaschbecken	45 cm	35 cm
Sitzwaschbecken (Bidets) bodenstehend oder hängend	40 cm	60 cm
Wannen		
Duschwannen	80 cm	80 cm
Badewannen	170 cm	75 cm
WC und Urinale		
WC mit Spülkasten oder Druckspüler vor der Wand	40 cm	75 cm
WC ohne Spülkasten (mit Vorwandeinbau-Spülkasten)	40 cm	60 cm
Urinale	40 cm	40 cm
Badmöbel		
Unterschränke, Hochschränke, Oberschränke	30 cm	40 cm

Die DIN 18 022 regelt die wichtigsten Maße für Ausstattungsgegenstände in Bad und WC

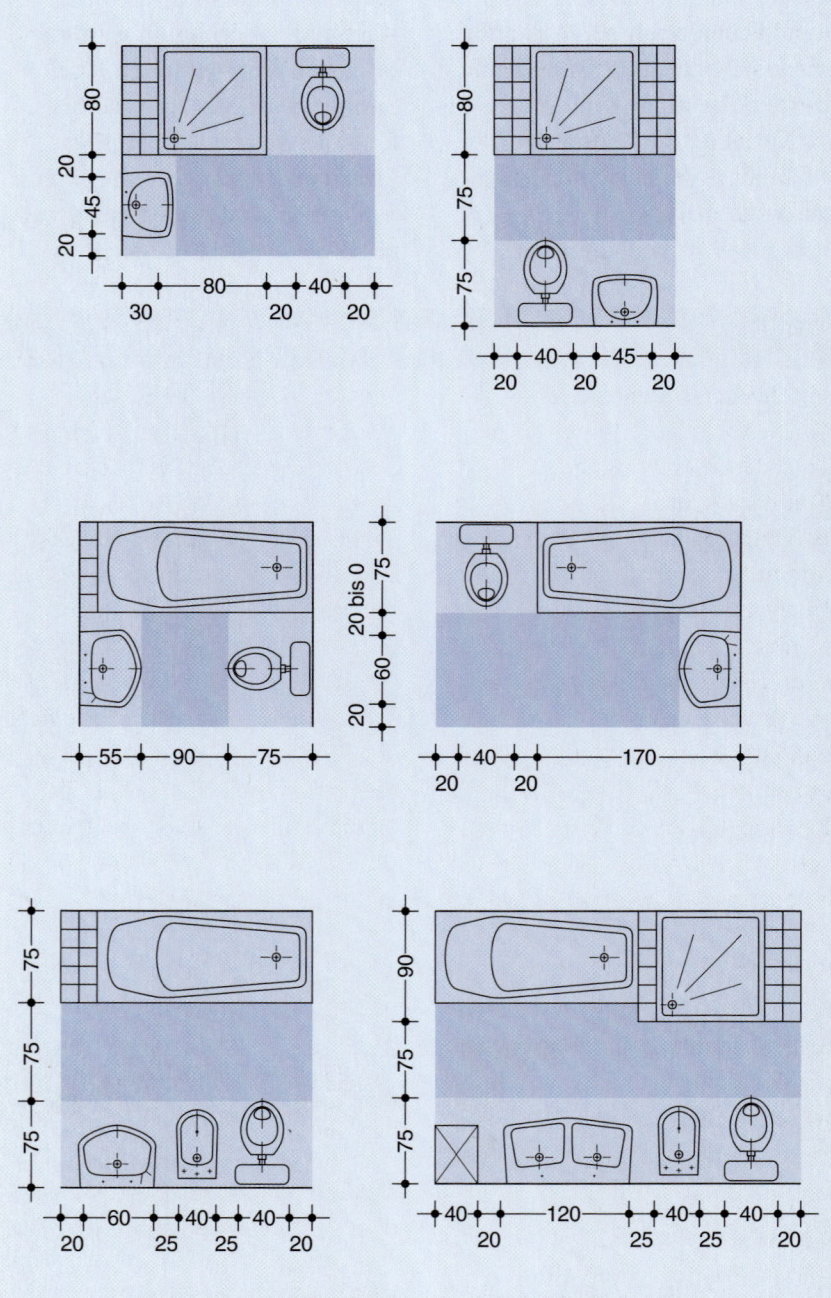

Sanitärobjekte

Bei der Auswahl der Sanitärobjekte kommt es nicht nur auf Form und Farbe an. Je nachdem, für welche Objekte Sie sich entscheiden, sind verschiedene Aspekte sowohl bei der Planung als auch bei der Installation zu berücksichtigen.

Waschtische

Waschbecken bezeichnet man fachlich korrekt als Waschtische. Man unterscheidet dabei:
– Standard-Waschtisch
Das Becken hängen Sie frei an der Wand auf.
– Unterbauwaschtisch
Der Waschtisch wird unter eine entsprechend ausgesparte Platte – vorzugsweise aus Naturstein – geklebt. Die Aussparung muss speziell nach den Maßen des Waschtisches angefertigt werden. Da die Kanten sichtbar sind, erfordern sie eine aufwändige Bearbeitung.

– Einbauwaschtisch
Das Becken wird von oben in eine Platte eingelassen – die Ränder der Aussparung werden dabei durch den Waschtisch verdeckt. Die schwierige Feinbearbeitung der Aussparungskanten entfällt.
– Vorbauwaschtisch
Der hintere Teil des Beckens ist in ein Badmöbel integriert.

Kleine Becken, wie sie oft in Gäste-WCs zum Einsatz kommen, nennt man Handwaschbecken. Die meisten Waschtische gibt es sowohl mit als auch ohne Hahnloch. So bezeichnet man die Aussparung für die Armaturmontage. Waschtische ohne Hahnloch setzen Sie zusammen mit Unterputzarmaturen ein. Da hierbei die Wasserzufuhr direkt aus der Wand erfolgt, müssen Sie die Leitungsführung exakt planen. Wichtig ist die richtige Höhe: Die Oberkante des Waschtisches sollte sich rund 85 cm über dem Boden befinden, der Auslauf der Armatur noch einmal rund 10 cm höher.

Vorbauwaschtische sind hinten in Badmöbel integriert (l.). Bei Einbauwaschtischen lässt man das Becken von oben in eine Platte ein (r.)

WC-Becken

Für die Installation ist entscheidend, ob Sie sich für ein frei stehendes oder ein wandhängendes WC entscheiden. Bei einem frei stehenden WC wird das Abwasser nach unten in den Boden abgeführt, bei einem wandhängenden nach hinten in die Wand.

Wandhängende WC-Becken sind heute vor allem bei der Neugestaltung von Badezimmern erste Wahl: Der Spülkasten verschwindet in der Wand, das WC wirkt nicht mehr so dominant wie die klassische, frei stehende Kombination mit sichtbarem Spülkasten. Darüber hinaus sind diese Objekte besonders pflegeleicht – vor allem der Badboden lässt sich einfacher wischen.

Man unterscheidet nach dem Innenaufbau
– Tiefspül-WC: Der Ablauf befindet sich mittig im Becken;
– Flachspül-WC: Hier befindet sich der Ablauf vorn, der Stuhl verbleibt zunächst auf einer Keramikfläche (Vorteil: Sichtprüfung des Stuhls im Krankheitsfall).

Für die Montage eines wandhängenden WCs ist in jedem Fall ein Wandvorbau erforderlich. Standard ist, den Vorbau nur bis in eine Höhe von 1 m zu ziehen und so eine zusätzliche Ablagefläche zu schaffen. Alternativ dazu können Sie die Vorwand auch raumhoch errichten. Den Drücker können Sie bei einem niedrigen Vorbau sowohl oben in die Ablagefläche integrieren als auch von vorn in die Wand einlassen.

Frei stehende Toilettenbecken setzt man heute nur noch bei der Renovierung von Bädern oder WCs ein, bei denen der Installationsaufwand gering gehalten werden soll. Nicht in jedem Bad ist es nämlich problemlos möglich, die Abwasserrohre vom Boden in die Wand zu verlegen.

Gegenüber stehenden WCs (o.) wirken wandhängende WCs (u.) eleganter. Außerdem lässt sich der Badboden bei wandhängenden WCs leichter sauber halten und der Spülkasten ragt nicht störend hervor

Badewanne

Bei der Wahl der Badewanne kommt es besonders auf zwei Faktoren an:
– Nicht jede schöne Wanne ist auch praktisch. Runde Wannen bieten z. B. großen Menschen oft keine Möglichkeit, langgestreckt ins Wasser zu tauchen.
– Große Wannen fassen viel Wasser – entsprechend teuer ist das Badevergnügen.

Bei der Planung der Wanneninstallation ist auf den Auslauf zu achten: Er befindet sich entweder an einem Wannenende oder mittig in der Wanne. Deshalb gilt hier: Erst das Objekt aussuchen und

dann die Feinplanung der Installation vornehmen. Beachten Sie bitte auch, dass Sie nicht jede Wannenarmatur bei jeder Wanne einsetzen können. Einige Wannen werden so z. B. mit Hahnloch ausgeliefert, andere ohne, was eine Unterputzarmatur erforderlich macht.

Jede Standardwanne lässt sich auch als Dusche nutzen. Bei der Planung kommt es hier darauf an, von vornherein eine entsprechende Wasserzuleitung einzuplanen. Von der Montageposition der Armatur muss dabei eine gesonderte Wasserleitung zum Auslass der Dusche geführt werden. Eine separate Wasserversorgung der Dusche ist nicht erforderlich.

Die Dusche sollten Sie immer an der langen Wannenseite einplanen und nicht an deren Kopfende. Andernfalls ist der Bewegungsspielraum beim Duschen stark eingeschränkt. Hinzu kommt, dass man bei vielen Wannen aufgrund der Schräge am Kopfende nur schlecht stehen kann.

Bidet und Urinal

Passend zu den WCs bieten die Markenhersteller Bidets (Sitzwaschbecken) und Urinale an. Für beide Objektarten sind separate Zu- und Abwasserleitungen einzuplanen. Beim Urinal reicht – im Gegensatz zum WC – ein Abwasserrohr mit 25 mm Durchmesser aus. Wenn Sie Bidet und WC nebeneinander stellen, sollten Sie mindestens 30 cm Abstand einhalten. Bei der Positionierung eines Urinals kommt der Einbauhöhe entscheidende Bedeutung zu.

Für die besonders flachen Bodeneinbauwannen muss der Ablauf bauseitig vorbereitet werden (l.); bei Wannen in Standardhöhe hingegen kann der Ablauf zur Seite in die Wand erfolgen (r.)

Die Unterkante sollte sich in mindestens 70 cm Höhe befinden; für größere Menschen empfiehlt sich eine Höhe von 80 cm.

Dusche

Auch Duschwannen bietet der Handel in unterschiedlichsten Formen und Farben an. Für die Planung der Sanitärinstallation ist die Höhe der Wanne entscheidend: Bei den besonders flachen Wannen, den so genannten Bodeneinbauwannen, muss die Abwasserführung direkt in den Badboden integriert sein – die Installation ist also bauseitig mit großem Aufwand verbunden. Bei Standardwannen hingegen verbleibt unter dem Wannenboden zwar nicht viel, aber ausreichend Platz, um das Abwasser zu einem Abwasserrohr in der Wand zu führen. Deshalb ist die Montage einer Bodeneinbauwanne wesentlich aufwändiger als die einer Standard-Duschtasse.

Wenn sich der Auslauf in einer Ecke der Wanne befindet, sollten Sie diese zum Raum hin wenden – so lässt sich der Auslauf leichter reinigen.

Für die Bedienfreundlichkeit sind die Höhen entscheidend, in denen Armatur und Brausestange montiert werden. Normgerecht ist eine Montageposition der Bediengriffe in einer Höhe von 115 cm über dem Wannenboden. Diese

Normhöhe empfinden größere Menschen als deutlich zu niedrig – ab 170 cm Körpergröße ist deshalb eine Höhe von 120 cm empfehlenswert.

Armaturen

Armatur ist ein Oberbegriff für die Vielzahl von Bedienelementen und Ausläufen im Sanitärbereich. Was man landläufig als Wasserhahn bezeichnet, nennt der Fachmann Batterie.

Die Qualitätsunterschiede bei den Armaturen sind sehr groß: Wichtig sind nicht nur Design und Ausstattung, sondern auch Material und Fertigungsqualität. Gute Armaturen sind besonders leichtgängig und langlebig.

Waschtisch-Armaturen

Bei Waschtischen unterscheidet man zunächst Einloch- und Einhandbatterien von Dreilochbatterien. Beide Armaturenarten werden auf dem Waschtisch montiert. Bei Einloch- und Einhandbatterien ist dafür nur ein Hahnloch erforderlich. Bei der Dreilochbatterie sind die Elemente getrennt: Für Kalt- und Warmwasserhahn sowie für den Auslauf muss bei der Installation je eine eigene Zuführung eingeplant werden.

Der Einhebelmischer lässt sich leicht bedienen und regelt auf Anhieb Wassermenge und -temperatur. Bei der getrennten Regelung von Warm- und Kaltwasser hingegen wird relativ viel Wasser vergeudet, bis die gewünschte Wasser-

Die klassische Zweigriffarmatur erlebt derzeit einen regelrechten Boom, nachdem Jahrzehnte fast ausschließlich Einhebelmischer gefragt waren

temperatur und -durchflussmenge erreicht wird.

Wenn die Elemente direkt auf der Wand sitzen, spricht man von Wand-Waschtisch-Armatur. Standard ist hier die Bedienung über getrennte Kalt- und Warm- wasserregler.

Die auf dem Waschtischrand montierten Batterien lassen sich relativ einfach an die Eckventile unterhalb des Waschtisches an- schließen. Die Installation von Wandarmaturen hingegen ist viel schwieriger.

Armaturen für Badewanne und Dusche

Bei den Armaturen für die Bade- wanne unterscheidet man zwischen Wannenrand- und Wandmontage. Bei der Wannenrandmontage sind Vierlochbatterien Standard; das

vierte Hahnloch hält die Schlauch- brause.

Für die Wandmontage gibt es Armaturen in Unterputz- und Auf- putzausführung. Bei der Aufputz- ausführung ist immer auch eine Zweiwegeumstellung integriert, mit der sich die Wasserführung vom Wanneneinlauf auf die Hand- brause umstellen lässt.

Das Standard-Aufputzbedien- element für die Dusche ist die Brausebatterie. Wassermenge und Temperatur regeln Sie bei dieser Armatur über zwei Hähne oder einen Einhebelmischer.

Stattdessen können Sie auch ei- nen Brause-Thermostat einsetzen, bei dem die gewünschte Wasser- temperatur voreingestellt wird. Der Anschluss erfolgt wie bei jeder an- deren Armatur. Die Brausebatterie verhindert Verbrühungen durch zu heißes Wasser: Bei 38° Celsius rastet automatisch eine Sperre ein.

Vorwandinstallation im Badezimmer

Die Arbeiten, die mit der Gestaltung eines Bads verbunden sind, gliedern sich in folgende Schritte:

- Planung
- Zuführung der Trinkwasserzu- (siehe ab Seite 21) und Abwasserableitungen (siehe ab Seite 34)
- Grundinstallation: Zu- und Ableitungen werden zu den Montagepositionen der einzelnen Sanitärobjekte weitergeführt sowie Entnahmestellen anschlussfertig montiert
- Innenausbau des Bads bis zur endgültigen Wand- und Bodengestaltung
- Montage der Sanitärobjekte und Armaturen

Bei der Grundinstallation haben Sie die Wahl zwischen Standard- und Vorwandinstallation. Bei der Standardinstallation verlegen Sie alle Zu- und Ableitungen unter Putz und führen Sie einzeln zu den Montagepositionen von Waschtisch, WC oder Dusche. Dies ist sehr aufwändig, weil Sie beispielsweise für alle Rohre Mauern aufstemmen sowie die jeweiligen Entnahmestellen individuell ausmessen und exakt montieren müssen.

Die Standardinstallation ist deshalb für den Heimwerker nicht unbedingt zu empfehlen.

Einfacher geht es mit der Vorwandinstallation: Dabei montieren Sie vorgefertigte Systemteile auf der Wand. Die Module gibt es z. B. für Waschtisch, WC oder Bidet; sie enthalten alle Anschlüsse und Spüleinrichtungen für das jeweilige Sanitärobjekt.

Besonders einfach gestaltet sich die Installation mit komplett verkleideten Vorbauelementen, die an der Wand montiert werden. Diese Grundelemente, die es nicht nur

Vorwandinstallation: der einfache Weg zum neuen Badezimmer in Eigenleistung

Neues Bad mit Vorwandausbau:

Zunächst demontieren Sie das alte Bad (o. l.). Dann werden die Grundelemente für Waschtisch, WC oder Bidet vor der alten Badezimmerwand montiert (o. r.). Im nächsten Schritt legen Sie die Wasserzuleitungen aus Kunststoff durch einfaches Verschrauben an den Modulen an, die Abwasserrohre werden einfach nur aufgesteckt (M., auch Vorwand für die Dusche sichtbar). Dann beplanken Sie die Grundelemente mit den beigelegten Gipskartonplatten, in denen alle Aussparungen schon vorgefertigt sind. Die Flächen zwischen den Grundelementen verblenden Sie ebenfalls mit Gipskarton (u. l.). Auf den Gipskartonwänden kann direkt gefliest werden. Abschließend montieren Sie die Sanitärobjekte (u. r.)

für WC oder Waschtisch, sondern auch für die Dusche gibt, werden mit passenden Gipskartonplatten geliefert, in denen bereits alle nötigen Aussparungen z. B. für den Abwasseranschluss vorgefertigt sind. Nach der Montage können Sie die Elemente gleich verfliesen. Die Module lassen sich individuell in der Höhe verstellen. Passende Zwischenträger ermöglichen es Ihnen darüber hinaus, den gesamten Trockenausbau zwischen den Grundelementen durchzuführen.

Vorwandinstallation

Bei der Vorwandinstallation gliedert sich die Renovierung eines Bads in fünf Schritte; bei Neubauten entfällt der erste Schritt, die Demontage des alten Bads:

1. Schritt: Das alte Badezimmer demontieren. Sperren Sie dazu die Wasserversorgung für das Badezimmer komplett ab. Drehen Sie im Bad dann alle Hähne auf und warten Sie, bis kein Wasser mehr ausfließt. Dann demontieren Sie die Armaturen und Sanitärobjekte und drehen auf die Wasserauslässe Blindstopfen auf. Ein Abschlagen der alten Kacheln oder ein Aufmeißeln der Wände ist nicht erforderlich.

2. Schritt: Jetzt montieren Sie die einzelnen Grundelemente. Diese enthalten bereits alle Anschlussmöglichkeiten für Kalt-, Warm-

und Abwasser. Bei der Renovierung sind Sie nicht an die alten Montagepositionen der einzelnen Sanitärobjekte gebunden – Sie können das Badezimmer komplett umgestalten. Außerdem montieren Sie die so genannten Zwischenträger. An ihnen wird die Restbeplankung befestigt, zugleich verstecken sie Trink- und Abwasserrohre.

3. Schritt: Die neuen Zu- und Abwasserleitungen werden montiert. Dazu setzen Sie Kunststoffrohre und Fittings des Montagesets ein. In den Grundelementen sind alle Anschlüsse vormontiert – Sie müssen nur noch die Rohre (vor der Wand) von Element zu Element führen und mit einem der alten Wasserauslässe bzw. dem Abwasseranschluss verbinden.

4. Schritt: Die Grundinstallation schließen Sie mit der Beplankung der Restflächen zwischen den Elementen ab. Dazu setzen Sie speziell imprägnierte Gipskartonplatten für den Trockenausbau in Feuchträumen ein. Die Imprägnierung verhindert, dass Feuchtigkeit in die Platten selbst eindringt, und schützt dadurch auch die dahinter liegende Wand.

5. Schritt: Jetzt können die Platten verfliest und abschließend Sanitärobjekte und Armaturen montiert werden.

Im Folgenden wird die Montage eines Grundelements exemplarisch am Beispiel eines WC-Moduls aufgezeigt.

Grundelement montieren

Alle Komponenten, die Sie zur Installation benötigen, finden Sie in den Komplettsets der jeweiligen Module.

Bei jedem Grundelement wird zunächst in einer Höhe von 108 cm eine Trägerschiene montiert. Diese sollte exakt waagerecht ausgerichtet sein. Dazu zunächst Höhe anzeichnen, Schiene anhalten, mit der Wasserwaage ausrichten und

Position der Bohrlöcher anreißen. Dann Bohrungen ausführen, mitgelieferte Dübel einsetzen und Schiene festschrauben.

Das Modul wird nicht nur oben eingehängt, sondern auch im Boden verankert. Um die Position der Bohrlöcher im Boden genau festlegen zu können, hängen Sie das Modul zunächst provisorisch ein und richten es an den Einstellschrauben auf der Schiene exakt aus. Die Bodenverankerung ist

Vorwandinstallation:

Grundelement für die Vorwandinstallation – in diesem Fall für die Waschtischmontage (o. l.). Trägerschiene an der Wand ausrichten und befestigen (o. r.). Modul provisorisch einhängen (u. l.) und sichern (u. r.) ...

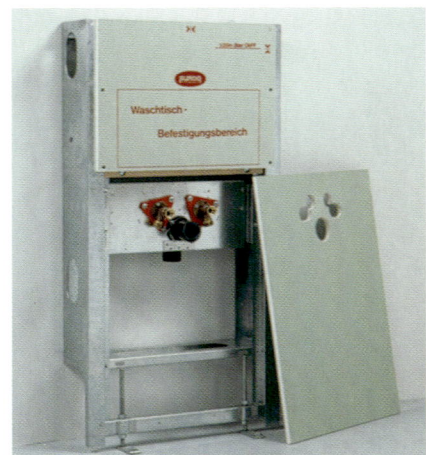

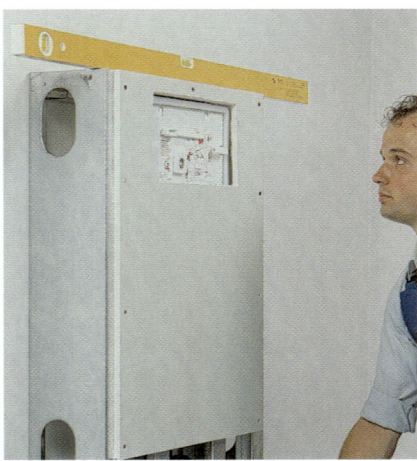

höhenverstellbar. So können Sie Unebenheiten im Boden einfach ausgleichen. Dann die exakte Position der Bodenhalterung auf dem Boden anreißen, Element wieder aushängen, Bohrungen ausführen und Dübel einsetzen.

Jetzt das Element endgültig auf der Schiene einhängen, noch einmal lot- und waagerechten Sitz mit der Wasserwaage überprüfen und abschließend alle Schrauben fest anziehen.

Zwischenträger montieren

Wenn Sie auf diese Weise alle gewünschten Module für Sanitärobjekte montiert haben, errichten Sie die Zwischenträger für die Restbeplankung. Zu unterscheiden ist dabei zwischen den 108 cm hohen Zwischenträgern für die Grundelemente und den raumhohen Schachtelementen z. B. für den Aufbau einer Duschwand. Außerdem gibt es spezielle Eckträger, um

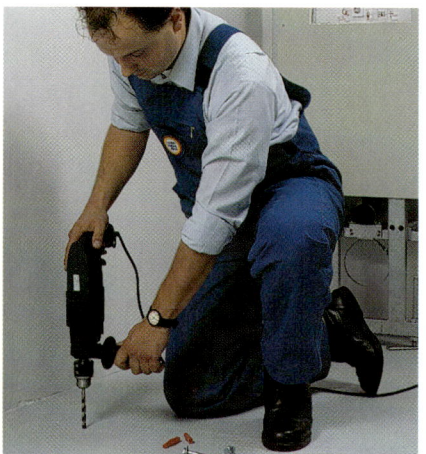

... Befestigungspunkte am Boden anzeichnen (o. l.), Modul wieder aushängen und Bohrungen ausführen (o. r.). Modul endgültig einhängen, ausrichten (u. l.) und festschrauben. Dann Zwischenträger für die Beplankung zwischen den Modulen an der Wand anbringen und dabei auf maßhaltigen Sitz achten (u. r.)

die Vorwand um eine Raumecke herumzuziehen.

Zwischenträger sind alle 60 cm erforderlich, um einen stabilen Sitz der Gipskartonplatten zu gewährleisten. Den Abstand zwischen den Elementen ausmessen und die genaue Trägerposition ermitteln. Träger provisorisch anhalten und Bohrpositionen anzeichnen. Dann bohren, Dübel setzen und Träger festschrauben.

Abschließend Sitz des Trägers mit der Wasserwaage überprüfen und mit den Einstellschrauben lotrecht ausrichten.

Installation abschließen

Steht das gesamte Vorwandsystem, legen Sie die Wasserzu- und -ableitungen aus Kunststoff an die Grundelemente an.

Je nach Modul nun spezifische Anpassungen vornehmen, wie z. B. beim Trägermodul für wandhängende WCs die Gewindestangen eindrehen (o. l.). Dann die Module verkleiden. Dazu die den Modulen beiliegenden Formteile benutzen (o. r.). Für die restliche Beplankung Platten zuschneiden (u. l.) und auf den Trägern verschrauben (u. r.)

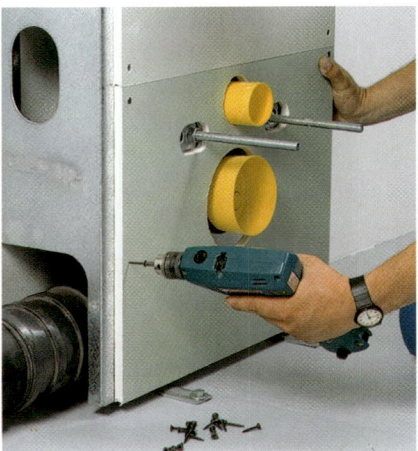
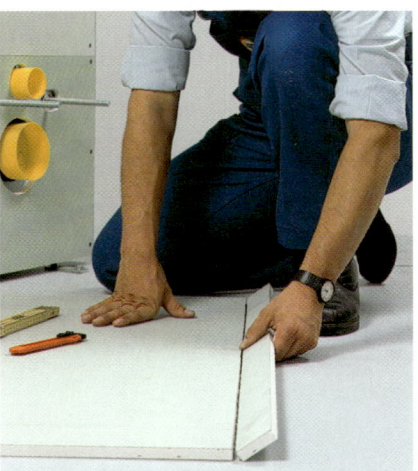

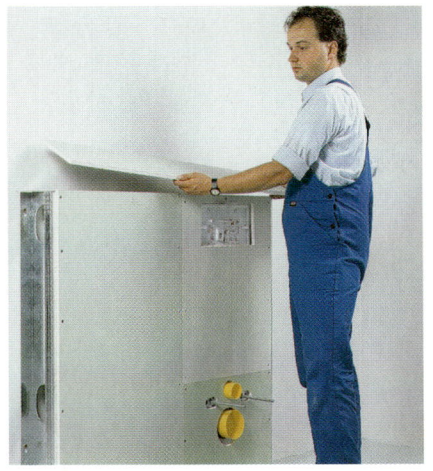

Abschließend Oberkanten beplanken (l.). Die Wasserauslässe vor dem Verfliesen gesondert imprägnieren (r.)

Bevor Sie jetzt die Elemente und Zwischenträger mit Gipskartonplatten verkleiden, schrauben Sie die mitgelieferten Gewindestangen zur Befestigung der Sanitärobjekte am Grundelement auf.

Den Grundelementen liegen passend vorgeschnittene Gipskartonplatten bei, die Sie jetzt aufschrauben. Dann ermitteln Sie, wie groß die Gipskartonplatten zum Beplanken der Flächen zwischen den einzelnen Grundelementen sein müssen. Die Platten dementsprechend anreißen und zuschneiden, dann einsetzen und an den Seiten der Grundelemente sowie auf den Zwischenträgern festschrauben.

Die fertige Vorwand kann sofort verfliest werden. Beim Setzen der Fliesen rund um die Auslässe sollten Sie die Platten zusätzlich mit einem Imprägnierungsmittel für Gipskarton schützen. Das Mittel wird aufgestrichen. Die Rohrdurchführungen werden mit einer mitgelieferten Sicherheitsdichtmanschette abgedichtet.

Montage von Sanitärobjekten

Sind alle Kalt-, Warm- und Abwasserleitungen gelegt und die entsprechenden Anschlüsse vorbereitet, werden die Sanitärobjekte montiert. Zum Teil müssen Sie die entsprechenden Befestigungsmaterialien gesondert kaufen – bei einigen Sanitärobjekten gehören sie zum Lieferumfang.

Waschtisch montieren:

Exakte Position der Wandbefestigung ermitteln und Bohrungen ausführen (l.). Für die Befestigung setzt man spezielle Stockschrauben ein (r.) ...

Waschtisch montieren

Waschtische werden an der Wand verschraubt. Dazu setzt man Stockschrauben mit zwei unterschiedlichen Gewinden ein: Auf der einen Seite, die in der Wand verschraubt wird, befindet sich ein Holzgewinde, auf der anderen Seite hingegen, an der der Waschtisch fixiert wird, ein metrisches Gewinde.

Dem Waschtisch liegt eine Montageanleitung mit Bohrschablone bei. Der Tisch wird mit zwei Stockschrauben fixiert. Zeichnen Sie die Bohrposition auf der Wand an; achten Sie darauf, dass die beiden Bohrlöcher exakt waagerecht sind. Bohren Sie mit einem 14-mm-Steinbohrer und setzen Sie die Dübel ein. Zum Verschrauben benötigen Sie einen speziellen Stockschraubenschlüssel. Drehen Sie das metrische Gewinde der Stockschraube in den Mittelschaft des

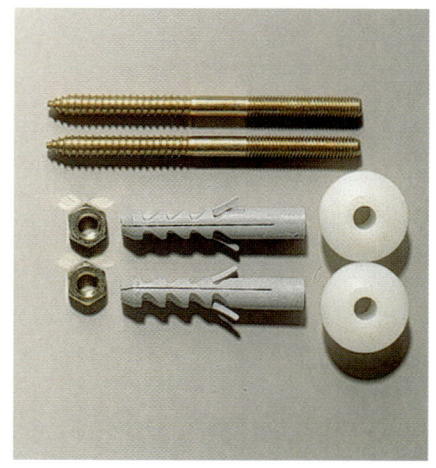

Schlüssels und sichern Sie es dann mit dem Schraubbolzen. Jetzt können Sie die Schraube in den Dübel eindrehen. Danach Stockschraubenschlüssel wieder lösen. Überprüfen Sie durch provisorisches Anhalten, ob die Schrauben richtig positioniert worden sind.

Bevor Sie das Waschbecken endgültig an der Wand festschrauben, empfiehlt es sich, die Armatur zu installieren, da Sie deren Befesti-gungssatz so leichter anziehen können. Den Waschtisch dann auf die Stockschrauben aufsetzen, Unterlegscheiben aufstecken und Muttern nicht allzu fest anziehen, da sonst die Keramik einen Sprung bekommen kann. Im nächsten Arbeitsschritt legen Sie die Zuleitungen der Armatur an Warm- und Kaltwasserauslass an (siehe ab Seite 32). Abschließend montieren Sie den Siphon.

... Metrisches Gewinde der Stockschraube in den Mittelschaft des Stockschraubenschlüssels eindrehen und mit dem Schraubbolzen sichern (o. l.). Schraube in die Wand eindrehen (o. r.), Schraubbolzen wieder lösen und Schlüssel ausdrehen. Waschtisch an der Wand einhängen (u. l.) und nicht zu fest anschrauben (Keramik kann springen). Wasserzuführung vom Eckventil zur Armatur anlegen (u. r.)

Ablaufgarnitur montieren:

Falls kein Dichtungsring vorhanden ist, den Ventilkelch mit Dichtschnur abdichten (o.) und mit der Verbindungsschraube fest anziehen. Ablaufgarnitur zusammensetzen (M.) und gegebenenfalls auf die richtige Länge kürzen. Siphon verschrauben (u.)

Ablaufgarnitur montieren

Den Abwasseranschluss des Waschtisches an das Abwasserrohr stellen Sie mit Hilfe einer so genannten Ablaufgarnitur (Siphon) her. Der Handel bietet zwei Varianten an:

- verchromtes Metall: Lösung für die sichtbare Installation im Bad
- Kunststoff: preiswerte Lösung für die nicht sichtbare Installation z. B. bei Einbauwaschtischen.

Die Ablaufgarnituren sind für den Anschluss an ein Abwasserrohr mit 50 mm Durchmesser vorbereitet und enthalten alle benötigten Teile. Die Installation gliedert sich in zwei Schritte:

- Montage der Ablaufgarnitur und
- Montage des Geruchsverschlusses und Anlegen an das Abwasserrohr.

Im Beckenboden befindet sich die Öffnung für das Ablaufventil. Bei der Montage verschrauben Sie mit der beigelegten Schraube den Ventilkelch – auch Sieboberteil genannt – von oben mit dem Ventilunterteil, in das ein Gewinde eingelassen ist und das unterhalb des Beckenablaufs sitzt, und dem Siphon (Geruchsverschluss). Dabei kommt es auf eine dichte Verbindung an.

Heute setzt man zum Abdichten meist Dichtungsringe ein. Alternativ dazu können Sie auch Dichtmasse (z. B. eine Kittschnur) benutzen. Die Kittschnur wird dabei von unten um den Ventilkelch gelegt. Dann Ventilkelch einsetzen, unterhalb des Beckens Dichtring und Gewindeunterteil gegensetzen und von oben verschrauben. Durch das Verschrauben quillt Dichtmasse in den Beckenboden, die Sie sofort sauber entfernen sollten.

Für die dichte Verbindung zum Abwasserrohr sorgt eine Gummimanschette, die Sie in das Abwasserrohr drücken und mit einer weiteren Manschette aus Chrom oder Kunststoff verblenden. Den Geruchsverschluss – den eigentlichen Siphon – führen Sie jetzt in den Wandablauf und passen ihn unter dem Ventilunterteil ein. Oft muss der Siphon für die passgenaue

Montage gekürzt werden. Bei Ablaufgarnituren aus Kunststoff benutzen Sie dafür eine feinzahnige Säge, bei verchromten Rohren eine Metallsäge. Damit Sie dabei das dünne, feine Metall nicht verbiegen, schieben Sie in das Rohr ein passendes Rundholz. Nach dem Sägen entgraten Sie das Rohr mit einer halbrunden Schlichtfeile.

Sitzt der Geruchsverschluss, drehen Sie ihn mit der Hand auf das Ventilunterteil und ziehen ihn mit einer Siphonzange an. Bei diesem Werkzeug schützen Plastikschläuche auf den Backen die Chromteile. Statt einer Siphonzange können Sie auch eine Wasserpumpenzange benutzen, deren Backen Sie zum Schutz des Chroms mit einem Lappen umwickeln.

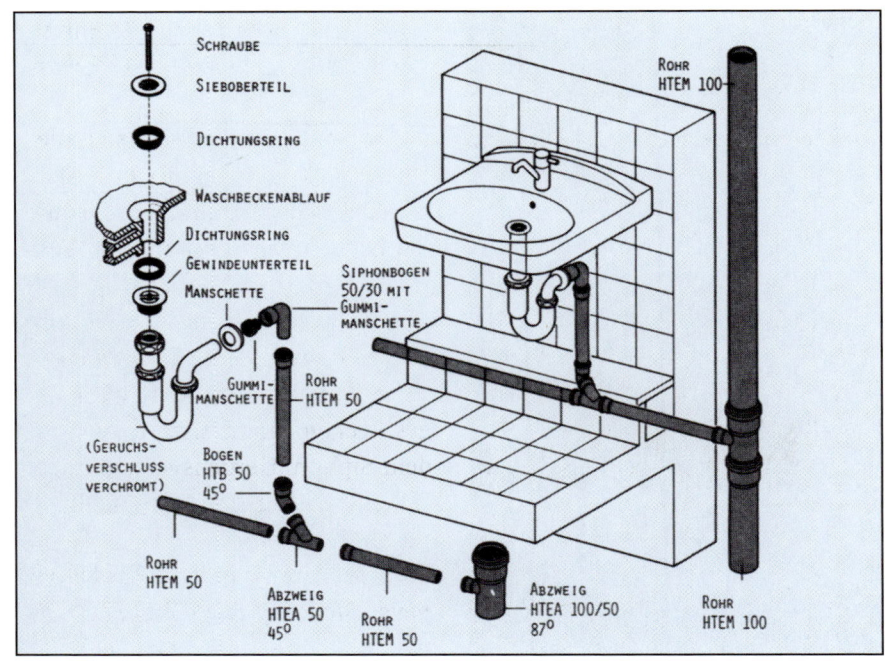

Zunächst die Ablaufgarnitur (Siphon) montieren, dann an das Abwasserrohr anschließen

WC installieren

Bei der Montage von WCs sind die Arbeiten zwischen der Installation eines wandhängenden WCs und der eines Stand-WCs zu unterscheiden.

Wandhängendes WC

Das wandhängende WC wird auf die im Rahmen der Grundinstallation (Vorwand) bereits montierten Gewindestangen (siehe Seite 56) aufgesteckt. Hierbei ist eine Schallschutzmaßnahme notwendig: Um die Geräuschübertragung vom Objekt auf die Wand zu unterbinden, wird eine spezielle Schallschutzmanschette zwischengesteckt. Abschließend verschrauben Sie das WC mit Muttern und Unterlegscheiben auf den Gewindestangen.

Frei stehendes WC

Die Montage von frei stehenden WCs gliedert sich in das Aufstellen des Toilettenbeckens und die Montage des Spülkastens. Das Becken wird dabei auf dem Boden und der

Stehendes WC aufstellen:
Übergangsstück in den Boden (o. l.) oder in die Wand einsetzen. WC provisorisch an die richtige Position bringen (o. r.), Befestigungspunkte anzeichnen (u. l.) und WC wieder entfernen. Bohrungen ausführen. WC in die endgültige Position bringen, verschrauben und abdichten (u. r.)

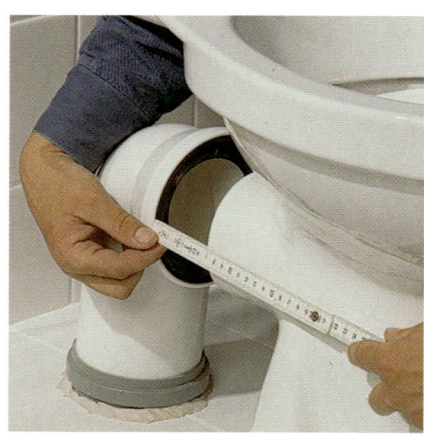

Spülkasten an der Wand verschraubt.

Den Anschluss an das Abflussrohr stellen Sie mit einem Übergangsstück aus Kunststoff her, das Sie passend für Ihr Becken und Ihre Einbausituation im Fachhandel bekommen. Auf das Abflussrohr stecken Sie zunächst die zugehörige Manschette und schieben dann das Übergangsstück so auf den Abfluss, dass die Öffnung mit der Gummilippe zum WC zeigt.

Jetzt Toilettenbecken provisorisch in die gewünschte Position stellen und dann mit einem Stift

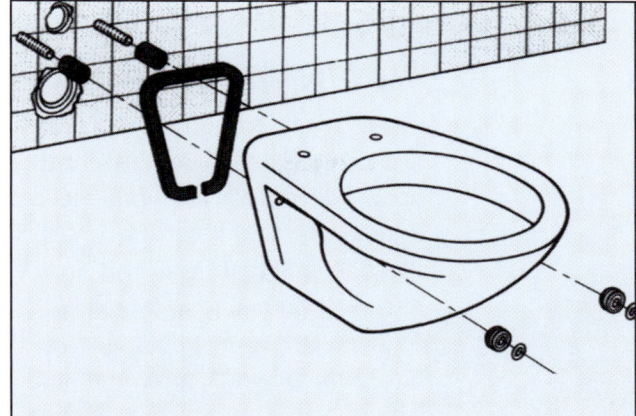

die Positionen der Bohrlöcher für die Montageschrauben auf dem Boden anzeichnen. Becken zurückschieben, Bohrung ausführen und Dübel einsetzen. Dann Becken in seine endgültige Position schieben. Beim Festziehen der Schrauben sollten Sie zum Schutz der Keramik keinesfalls die Unterlegscheibe aus Kunststoff vergessen. Abschließend dichten Sie das WC am Boden mit Silikon ab.

Der Spülkasten wird genau mittig über dem WC-Becken montiert; nur dann sitzt auch das Spülrohr vom Kasten zum WC senkrecht. Setzen Sie zunächst das Spülrohr am WC an und schieben Sie den Spülkasten provisorisch auf. So ermitteln Sie die bestmögliche Montageposition. Spülkasten wieder abnehmen, Bohrlöcher anzeichnen und Bohrungen ausführen. Spülkasten aufhängen und Spülrohr fertig montieren. Im letzten Arbeitsschritt schließen Sie den Spülkasten an den Wasserauslass an.

Wandhängendes WC:
Zur Geräuschdämmung Schallschutzmanschette anbringen

Spülkasten montieren:
Exakte Höhe ausmessen und anhand des Spülkastens Bohrpositionen festlegen (o.). Träger montieren und Spülkasten einhängen (u.). Abschließend Wasserzufuhr an Eckventil anlegen

Dusch- und Bade-
wanne montieren

Die grundlegenden Arbeitsschritte beim Aufstellen von Dusch- und Badewanne sind identisch. In beiden Fällen kommt es darauf an, dass die Wannen gerade stehen und den Belastungen, die durch das Körpergewicht entstehen, standhalten. Um dies zu erreichen, können Sie zwischen zwei Verfahren wählen: Aufstellen und Ausrichten der Wanne mit verstellbaren Füßen oder Einsetzen der Wanne in einen Wannenträger aus Hartschaum.

Montage auf Füßen

Die Standfüße sind kreuzförmig an einem zentralen Mittelstück befestigt und können einzeln durch Ein- und Ausdrehen in der Höhe verstellt werden. Für die Dusche gibt es die Träger mit drei oder mehr Füßen, wobei meist ein Fuß an einem schwenkbaren Arm befestigt ist, sodass man gegebenenfalls den Abfluss umgehen kann. Die Auflagepunkte unter dem Wannenrand sind markiert und gedämmt, um eine Schallübertragung zu vermeiden. Zunächst Siphon montieren, dann Wanne auf die Füße stellen und in endgültige

Aufstellen einer Duschtasse auf Füßen: Durch Ein- bzw. Ausdrehen der Standfüße erreichen Sie eine waagerechte Position

Position bringen. Siphon an den Ablauf anschließen und Wanne exakt ausrichten. Beachten Sie bitte den Schallschutz: Damit sich kein Körperschall von der Dusch- oder auch der Badewanne auf die Wand übertragen kann, ziehen Sie zwischen Wannenrand und Wand einen Dämmstreifen aus Schaumstoff ein.

Nach dem Aufstellen der Wanne und dem Verfliesen dichten Sie den Wannenrand zur Wand hin mit Silikon ab.

Wannenträger aus Hartschaum montieren

Der Wannenträger aus Hartschaum muss zu Ihrer Wanne passen. Sie kaufen ihn am besten zusammen mit der Wanne. Je nach Hersteller und Bausituation sind dennoch unterschiedliche Anpassarbeiten notwendig.

Dem eigentlichen Block zur Wannenaufnahme liegen Formteile wie Wandanschlussbalken, Keile

ABDICHTEN MIT SILIKON

Ritzen und Übergänge von Objekten zu Wand und Boden dichten Sie fachgerecht mit Silikon ab. Dazu bietet der Handel spezielle Sanitär-Silikon-Kartuschen an. Die Kartusche setzen Sie in den Kartuschenhalter ein, schrauben die beigelegte Spitze auf und schneiden diese ca. 1 cm schräg ab. Vor dem Verarbeiten kleben Sie die Kante mit Abklebeband sowohl auf dem Boden als auch auf dem Objekt sauber ab. Dann Dichtmasse gleichmäßig und in einem Stück aufbringen. Abschließend ziehen Sie die Fuge entweder mit dem Finger oder mit einem Fugenglätter (vorher in Spülmittellösung eintauchen) glatt und entfernen dabei überschüssiges Silikon.

Badewanne in Träger aus Hartschaum montieren:

Formstücke so auswählen und anpassen, dass der Wannenträger in der richtigen Entfernung zur Wand steht (o.). Dann Formstücke mit den beigefügten speziellen Steckdübeln auf dem Träger befestigen (u.) ...

und Füllstücke bei, mit denen Sie die Wanne auf den richtigen Abstand zur Wand bringen können. Denn je nachdem, ob Sie beispielsweise Ihre Fliesen im Dünn- oder Dickbettverfahren aufbringen möchten, sind andere Abstände zur Wand erforderlich. Zunächst Träger provisorisch an die richtige Position stellen und dann benötigte Formteile so auswählen, dass der vorgesehene Abstand zur Wand eingehalten wird. Die Formteile mithilfe der beigelegten Steckdübel am Wannenträger befestigen.

Der Wannenträger muss so ausgeschnitten werden, dass der Abwasserauslauf das Aufstellen des Trägers nicht behindert. Im Bildbeispiel befindet sich der Ablauf seitlich in der Wand. Ablauf genau ausmessen und Wannenträger entsprechend mit scharfem Messer ausschneiden. Jetzt können Sie den Träger provisorisch in die richtige Position schieben und die Wanne in den Block einlegen.

Zeichnen Sie nun durch das Abflussloch auf dem Boden an, wo sich später die genaue Position des Wannenablaufs befinden wird. Jetzt schieben Sie Träger und Wanne zur Seite, sodass Sie die Ablaufgarnitur passgenau verlegen können.

Drehen Sie dann die Wanne um, das erleichtert Ihnen die Montage der Ablaufgarnitur.

Ventilunterteil und Siphon sind schon zusammengeschraubt, der Ventilkelch mit der durchgesteckten Sicherungsschraube und dem Dichtungsring werden von innen herangeführt. Danach die Schraube zunächst von Hand und dann mit dem Schraubendreher fest anziehen (siehe auch Siphonmontage, Seite 61). Anhand der Markierung

… Wannenträger dort, wo der Ablauf in die Wand erfolgt (Pfeile), ausschneiden (l.). Wanne provisorisch einsetzen und von oben Montageposition des Ventilkelchs anzeichnen (r.) …

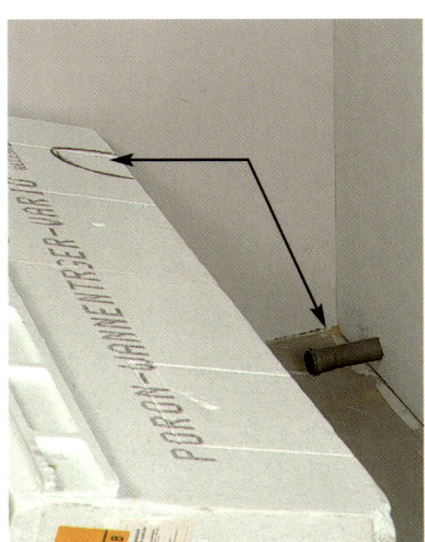

auf dem Boden können Sie nun erkennen, wohin genau der Siphon geführt werden muss, und auch die Abwasserrohre dementsprechend verlegen.

Dann nehmen Sie die Montage des Überlaufventils vor. Es dient dazu, ein Überlaufen der Wanne zu verhindern. Das Überlaufventil wird oben am Wannenrand genau wie das Ablaufventil montiert.

Die Zuführung zum Siphon ist universell gefertigt. Sie müssen die Rohrführung nur noch in der Länge anpassen. Dafür Zuleitungen sowohl am Überlauf als auch am Siphon aufstecken, auf einem der beiden Rohre den Überstand mit

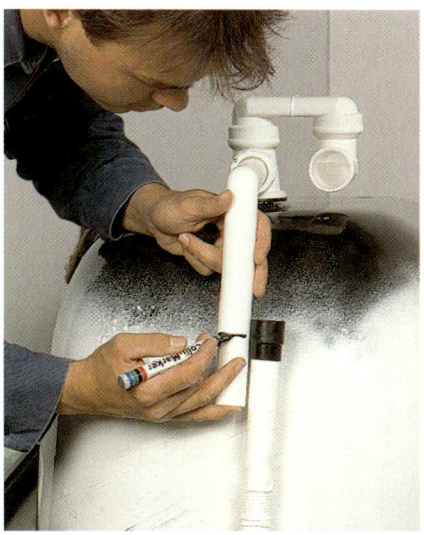

… Wanne aus dem Träger nehmen, umdrehen und Ablauf- und Überlaufventil montieren (siehe Pfeile) (o. l.). Dann komplette Ablaufgarnitur anlegen (o. r.) und Wannenträger entsprechend ausschneiden. Standposition der Wanne auf dem Boden anzeichnen und entsprechend Kleber auf den Boden aufbringen. Dann Wannenträger in seine endgültige Position bringen …

Filzstift markieren und das Rohr entsprechend kürzen. Beide Teile anschließend mit einer Steckmanschette wasserdicht verbinden.

Wenn der Ablauf mit einem Drehknopf am Überlauf zu öffnen und zu schließen ist, wird eine so genannte Exzenterbedienung montiert. Die Verbindung zum Ablaufventil schafft ein Bowdenzug. Alle dafür benötigten Kleinteile sowie die Montageanleitung finden Sie in den entsprechenden Sets.

Zum Abschluss der Vorarbeiten schneiden Sie im Wannenträger noch die Revisionsöffnung unmittelbar seitlich vom Siphon aus. Wenn die Aussparung nicht werkseitig bereits im Wannenträger vorgezeichnet ist, nehmen Sie als Schablone die Bedienklappe der Revisionsöffnung.

... Abschließend Wanne einsetzen und die Anschlüsse anlegen

Der Wannenträger wird jetzt auf dem Badboden verklebt oder in ein Mörtelbett gesetzt. Dazu müssen Sie nicht den gesamten Boden mit Masse einspachteln, sondern nur die Auflageflächen des Trägers. Dazu Position der Rippen an der Unterseite des Trägers auf dem Boden markieren. Zum Verkleben eignet sich jeder Dispersionskleber. Die Masse verstreichen Sie am besten mit einem Zahnspachtel.

Ein etwas dickeres Mörtelbett empfiehlt sich nur dann, wenn Sie Unebenheiten im Boden ausgleichen müssen.

Dann Wannenträger in endgültige Position bringen, Wanne einsetzen und dabei den Abwasseranschluss vornehmen. Abschließend sollten Sie eine Belastungsprobe vornehmen. Dazu Wanne vollständig mit Wasser füllen – so prüfen Sie die Dichtigkeit des Abflusses und die gesamte Konstruktion kann sich außerdem setzen.

Duschabtrennung montieren

Bei der Planung von Duschkabinen müssen Sie darauf achten, dass nach der Montage zwischen dem oberen Rand der Kabine und der Decke mindestens 20 cm Freiraum verbleibt. Nur dann kann die feuchtwarme Luft, die beim Duschen entsteht, in ausreichendem Maße entweichen. Bei der Montage einer Spritzschutzwand für Badewannen müssen Sie keinen freien Raum berücksichtigen, weil hier immer ausreichend Frischluft nachströmen kann.

Das Angebot an Duschabtrennungen und -kabinen sowie an Spritzschutzwänden für Badewannen ist sehr groß. Es gibt sie nicht nur in unterschiedlichen Materialien (Kunststoff, Glas) und Formen, sondern auch für verschiedene Einbausituationen. Bei jedem Hersteller sind bei der Montage unterschiedliche Arbeitsschritte erforderlich, eine generell gültige Montageanleitung können wir deshalb hier nicht vorstellen. Grundsätzlich gilt: Lesen Sie die Montageanleitungen des Herstellers genau durch und führen Sie alle erforderlichen Arbeitsschritte sorgfältig aus.

Bei allen Duschabtrennungen kommt es immer auf den exakten Sitz der Spritzschutzwände an. In den meisten Fällen wird die Abtrennung durch eine Wandschiene

Beim Anbringen der Duschabtrennung kommt es entscheidend darauf an, dass die Trageschiene an der Wand exakt lotrecht ausgerichtet und verschraubt wird

gehalten. Diese muss exakt senkrecht an der Wand sitzen. Die Schiene – die im Übrigen nicht gesondert abgedichtet werden muss, weil bereits eine Gummilippe für den dichten Sitz sorgt – wird mit Schrauben an der Wand befestigt. Beim Anreißen der Montageposition sollten Sie in jedem Fall sehr sorgfältig zu Werke gehen und den lotrechten Sitz mit einer Wasserwaage prüfen.

Bei Spritzschutzwänden mit Gummilippe sollten Sie darüber hinaus besonders darauf achten, dass der Spritzschutz mit der Innenkante des Wulstes auf dem Badewannenrand aufliegt – andernfalls rinnt das Wasser unter der Wand auf den Badboden.

3

Kücheninstallation

- **Küchenplanung und Materialauswahl**
- **Montage von Spülbecken und Armaturen**

Küchenplanung und Materialauswahl

Die Sanitär-Grundinstallation in der Küche beschränkt sich auf die Wasserversorgung von Spüle und eventuell Geschirrspülmaschine sowie die entsprechenden Abwasserleitungen.

Anders als im Bad sind dazu nur wenige Rohre notwendig: Für Warm- und Kaltwasser wird jeweils nur ein Auslass benötigt. Wenn Sie neben der Spülarmatur eine Geschirrspülmaschine anschließen möchten, können Sie dafür den Kaltwasserauslass für die Spüle nutzen. Auch das gesamte Abwasser der Küche wird in der Regel nur über einen Anschluss entsorgt.

Für die Warmwasseraufbereitung setzt man in vielen Küchen einen Durchlauferhitzer oder einen Untertischspeicher ein. In diesem Fall benötigen Sie nur eine einzige Kaltwasserzuleitung für die Küche; eine Warmwasserzuleitung ist nicht erforderlich.

Bei der Planung der Grundinstallation sollten Sie darauf achten, dass die Anschlüsse für Trink- und Abwasser direkt unterhalb der Spüle liegen. Andernfalls müssen oftmals die Küchenunterbauschränke auf der Rückseite durchtrennt werden, um die Leitungen zur Spüle zu legen. Es sollte also nach Möglichkeit von vornherein feststehen, wo die Spüle in der Küche montiert werden soll.

Installationsaufwand und Kosten sparen Sie, wenn die Geschirrspülmaschine in unmittelbarer Nähe der Spüle aufgestellt wird – so halten Sie die Leitungswege sowohl für die Wasserzuführung als auch für die Abwasserentsorgung kurz. Gleiches gilt, wenn weitere Geräte wie eine Waschmaschine in der Küche platziert werden sollen.

In der Küche reicht in der Regel je eine Wasserzu- und -ableitung aus, an die dann Spüle und Geräte zusammen angeschlossen werden

Spülbecken

Wie bei allen anderen Produkten im Sanitärbereich ist auch die Auswahl bei den Spülbecken sehr groß. Für die Montage ist dabei nicht so sehr entscheidend, ob das Becken viereckig oder rund ist, in eine Ecke oder in eine lange Arbeitsplatte eingesetzt werden soll. Vielmehr kommt es darauf an, wie das Becken integriert wird und wie viele Abflüsse dementsprechend vorzusehen sind. Bezüglich der Montage unterscheidet man:

Flächenbündig eingelassene Spülen sind besonders pflegeleicht und hygienisch (o.), müssen aber von einem Fachbetrieb in die Arbeitsplatte eingelassen werden. Standardspülen hingegen lassen sich leicht in Eigenleistung einsetzen (u.)

■ **Einbaubecken**
Das Becken wird von oben in die Arbeitsplatte eingesetzt. Die Schnittkanten des Arbeitsplattenausschnitts werden dabei durch den Rand des Beckens verdeckt.

■ **Becken für flächenbündigen Einbau**
Auch hier wird das Becken von oben in die Platte eingesetzt – allerdings so, dass kein Rand zwischen Arbeitsplatte und Becken verbleibt. Das kommt nicht nur der Optik zugute, sondern ist auch besonders hygienisch. Der flächenbündige Einbau setzt eine präzise Fertigung des Ausschnitts voraus – ohne Spezialwerkzeug und entsprechende Fachkenntnisse lässt sich die Spüle nicht perfekt einpassen. Das Einsetzen von flächenbündigen Spülbecken sollten Sie deshalb in jedem Fall einem Fachbetrieb überlassen.

■ **Unterbaubecken**
Das Becken wird von unten an der Arbeitsplatte befestigt – der Ausschnitt selbst bleibt also sichtbar und muss dementsprechend sauber bearbeitet werden. Unterbaubecken setzen also – ähnlich wie die Becken für den flächenbündigen Einbau – präzises Arbeiten voraus. Die Schnittkanten müssen formgenau hergestellt und ebenmäßig bearbeitet sein, sodass sich kein Schmutz ansammeln kann. Das betrifft vor allem auch die Kante

unter dem Ausschnitt. Auch das Einpassen eines Unterbaubeckens überlassen Sie deshalb am besten einem Fachmann.

Jeder Spüle liegt eine Ab- und Überlaufgarnitur bei. Damit sind alle Montageteile gemeint, die zum Anschluss der Spüle an den Siphon benötigt werden. Wie viele Teile dies sind, ist von der Spüle abhängig, so z. B. davon, ob ein zweites Becken vorhanden ist oder nicht. Den Garnituren liegt eine detaillierte Montageanleitung bei. Der Siphon selbst gehört manchmal nicht zum Lieferumfang der Spüle und muss deshalb gesondert erworben werden.

Armaturen

Bei der Wahl der Armatur für das Spülbecken ist die Angebotspalette ebenfalls sehr breit. Bei den Mischbatterien gibt es erhebliche Qualitätsunterschiede, die sich vor allem auf die Materialwahl und die Fertigungsqualität beziehen.

Erhebliche Preisunterschiede gibt es darüber hinaus zwischen Standardarmaturen mit starrem Auslauf und Armaturen mit ausziehbarer Schlauchbrause. Diese teureren Armaturen sind aber vor allem dann ihr Geld wert, wenn die Küche intensiv genutzt wird, denn die Schlauchbrause hat sich vor allem beim Kochen gut bewährt.

Standard ist, dass die Mischbatterie auf der Arbeitsplatte oder der Spüle befestigt wird. Wandmontagen sind unüblich. Die Größe der Hahnlöcher ist genormt – Sie können also jede handelsübliche Armatur in das Hahnloch von Markenspülen einsetzen.

Genau wie bei den Waschbecken haben Sie auch in der Küche die Wahl zwischen Einhebelmischern und getrennter Regelung von Kalt- und Warmwasser.

Wenn Sie die Spüle vor einem Küchenfenster montieren möchten, sollten Sie bei der Wahl der Armatur darauf achten, dass der Auslaufhahn nicht das Öffnen des Fensters blockiert. Um dies zu verhindern, bietet der Handel auch Mischbatterien an, die entweder in der Höhe verstellbar sind oder gänzlich aus einer flexiblen Halterung herausgezogen werden können.

Einhebelmischer (o.), Armatur mit getrennter Kalt- und Warmwasserregelung (M.); Mischbatterie mit Schlauchbrause (u.)

Bei Unterbaubecken kommt es auf eine perfekte Verarbeitung der Ausschnittkanten der Arbeitsplatte an — ein Fall für den Fachbetrieb

Nieder- und Hochdruckarmaturen

Viele Mischbatterien der Markenhersteller für die Spüle bietet der Handel als Hoch- und als Niederdruckarmatur an.

Während Hochdruckarmaturen zum direkten Anschluss an je einen Kalt- und einen Warmwasserauslass sowie zum Betrieb mit einem Durchlauferhitzer ausgelegt sind, werden Niederdruckarmaturen für den Anschluss an einen Untertischspeicher eingesetzt. Die beiden Armaturentypen können Sie an ihren Wasserzuführungen unterscheiden.

Eine **Hochdruckarmatur** weist zwei verchromte 10-mm-Kupferrohre auf – für die Kalt- und die Warmwasserzufuhr. Bei einer zentralen Warmwasserversorgung wird sie direkt an die beiden Auslässe in der Wand angelegt.

Bei der Installation mit einem Durchlauferhitzer wird von der Kaltwasserzuführung ein Abzweig gelegt, der zum Durchlauferhitzer führt. Die andere Kaltwasserleitung wird direkt zum Kaltwassereingang der Armatur geführt. Den Warmwassereingang der Armatur verbinden Sie mit dem Warmwasserausgang des Durchlauferhitzers.

Bei der **Niederdruckarmatur** finden Sie drei verchromte Kupferrohre: Einen zentralen 10-mm-Kaltwassereingang, eine 8-mm-Kaltwasserzuführung zum Untertischspeicher sowie eine 8-mm-Warmwasserzuführung von dort zurück zur Armatur.

Die Kaltwasserzufuhr des Untertischspeichers wird über die Mischbatterie geregelt. Erst wenn dort das Warmwasser aufgedreht wird, wird Kaltwasser in den Untertischspeicher zum Erwärmen geführt. Der Untertischspeicher ist also keinem Wasserdruck ausgesetzt. Dementsprechend wird dem Gerät das Kaltwasser von der Armatur über deren Kaltwasserausgang zugeführt. Das Warmwasser gelangt – wie bei der Hochdruckarmatur auch – durch eine Verbindung vom Warmwasserausgang des Untertischspeichers zum Warmwassereingang der Armatur.

Diese beiden Grafiken zeigen den Anschluss einer Niederdruckarmatur an einen Untertischspeicher und einer Hochdruckarmatur an einen Durchlauferhitzer

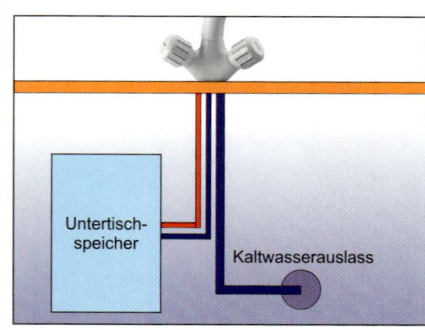

Untertischspeicher

Kaltwasserauslass

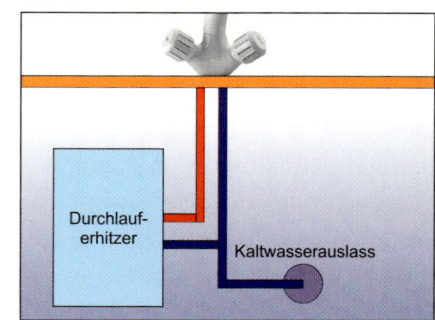

Durchlauferhitzer

Kaltwasserauslass

Montage von Spülbecken und Armaturen

Bevor Sie mit der Montage von Spülbecken und Armatur beginnen können, müssen die Eckventile für Warm- und Kaltwasser sowie gegebenenfalls der Untertischspeicher oder Durchlauferhitzer montiert sein. Beide Gerätetypen werden über die beigelegten Schienen entweder an der Wand oder in einem Kücheneinbauschrank befestigt. Den elektrischen Geräten liegt jeweils eine genaue Montageanleitung bei.

Bei einem Durchlauferhitzer dürfen Sie die Spannungsversorgung nicht selbst anlegen, sondern müssen die Arbeiten von einem Elektriker ausführen lassen. Die Spannungsversorgung eines Untertischspeichers hingegen dürfen Sie selbst vornehmen (siehe Seite 10).

Einbauspülbecken montieren

Ein Einbauspülbecken lässt sich leicht in Eigenleistung in eine Standard-Arbeitsplatte aus Spanplatte oder Massivholz montieren. Zunächst legen Sie genau fest, wo das Becken in die Arbeitsplatte eingelassen werden soll. Dem Becken liegt eine Schablone in Originalgröße bei, die Ihnen das Markieren des benötigten Ausschnitts auf der Arbeitsplatte erleichtert. Achten Sie dabei darauf, dass die Kanten zur Wand und zum Raum gleich breit sind.

Nachdem Sie den Ausschnitt angezeichnet haben, kleben Sie die Schnittkante außen mit Klebeband ab. So können Sie deutlich erkennen, wo gesägt werden muss; außerdem verhindern Sie auf diese Weise, dass die Arbeitsplatte beim Aussägen verkratzt wird. Dann die Fläche in einer Ecke mit einem großen Holzbohrer (z. B. 12 mm) durchbohren und die Arbeitsplatte mit der Stichsäge aussägen. Das Becken provisorisch einsetzen und die Passgenauigkeit prüfen.

Das Becken wird mit den beigelegten Haken im Ausschnitt befestigt. Die Haken werden vor dem Einbau am Spülenrand eingesteckt. Damit kein Wasser in die Platte eindringen kann, dichten Sie diese vor dem Einsetzen mit der beigelegten Dichtmasse ab. Wanne einsetzen und Haken festschrauben.

**Einbau
einer Spüle:**

Ausschnitt
anhand der
beiliegenden
Schablone an-
reißen, dann in
einer Ecke so
einbohren (o.),
dass die Stich-
säge eingeführt
werden kann.
Nach dem Aus-
sägen der Platte
(zweites Bild)
die Ablauf-
garnitur weitge-
hend vormontie-
ren und auf den
Unterrand der
Spüle Dichtmasse
aufbringen
(drittes Bild).
Befestigungs-
klemmen am Un-
terrand der Spüle
einsetzen und
Spüle dann in
die Arbeitsplatte
einlassen (u.)

Armatur und Ablauf-garnitur (Siphon)

Bevor Sie mit dem Anschluss der Armatur beginnen, muss zunächst das Absperrventil geschlossen werden. Bei Neubauten spülen Sie die Leitung zur Reinigung gründlich durch. Dazu ein gebogenes Kupferrohr provisorisch am Auslass montieren und das Spülwasser direkt in den Abwasserauslass leiten.

Gegebenenfalls alte Armatur demontieren. Bevor Sie die neue Armatur von oben durch das Hahnloch führen, O-Ring (Dichtung) aufsetzen. Von unten in folgender Reihenfolge Befestigungssatz anbringen: dreieckige Stabilisierungsplatte, Distanzscheibe, Mutter. Mutter mit der Hand andrehen. Armatur ausrichten und Mutter festziehen. Dann die Anschlussleitungen mit Auslässen, Durchlauferhitzer oder Untertischspeicher verbinden (siehe Seite 74).

Die Montage des Siphons ist bei Doppelbecken oder Abtropfflächen mit separatem Auslauf aufwändiger, weil eine ganze Reihe von Rohren angeschraubt und miteinander verbunden werden müssen. Dem Komplettset, das für einen solchen Abwasseranschluss notwendig ist, liegt eine genaue Montageanleitung bei. Die Arbeitsschritte gleichen dabei denen beim Anschluss eines Waschtischsiphons (siehe ab Seite 60).

Falls Sie die Ab- und Überlaufgarnitur noch nicht bei der Montage des Beckens vormontiert haben, setzen Sie jetzt zunächst die Teile ein, die direkt an der Spüle befestigt werden.

Wenn Sie nunmehr die Ablaufrohre unterschrauben und miteinander verbinden, sollten Sie auf den exakten Sitz der dazugehörigen konischen Dichtungen achten. Sie werden mit der dünnen Lippe zum Rohrende hin aufgesteckt und angedrückt. Durch das Festziehen der Überwurfmuttern wird die Verbindung dicht.

Grundsätzlich empfiehlt es sich, zunächst alle Teile provisorisch miteinander zu verbinden, also die Überwurfmuttern nicht direkt fest anzuziehen. So haben Sie die Möglichkeit, alle Rohre und Zubehörteile probeweise sorgfältig auszurichten. Gegebenenfalls muss ein Teil der Plastikrohre gekürzt werden. Benutzen Sie dazu eine feinzahnige Säge, die Sie in einer Gehrungslade führen. Entgraten der Ränder nicht vergessen.

Ist die gesamte Überlaufgarnitur montiert, stellen Sie den Anschluss an das Abwasserrohr her. Besonders einfach geht dies mit einem flexiblen Schlauch: Sie sparen sich dabei den exakten Zuschnitt von starren Rohren und den eventuell komplizierten Einsatz verschiedener Winkelstücke. Einen flexiblen Schlauch bekommen Sie im Fachhandel.

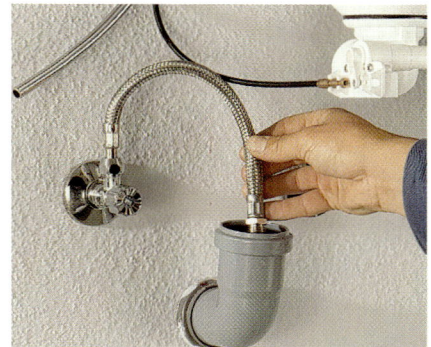

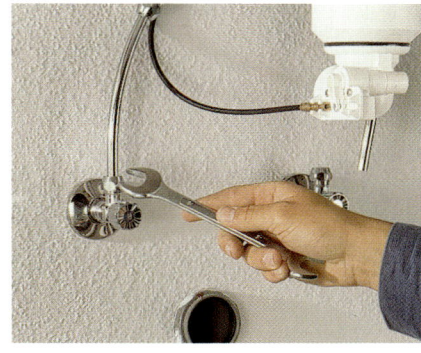

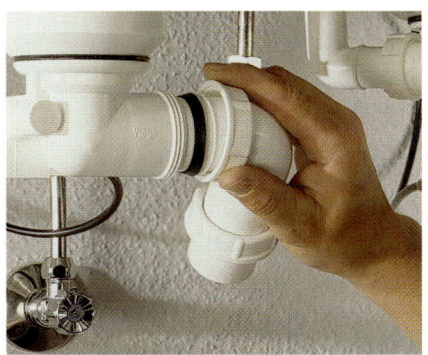

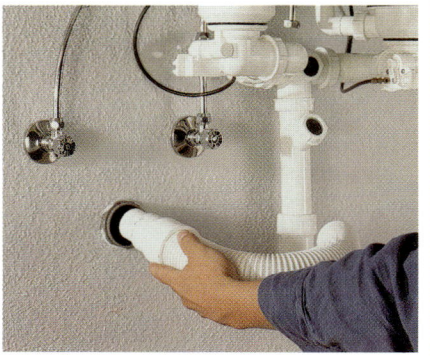

Frisch- und Abwasseranschluss:

Bei Neubauten zunächst Wasserzuführung durchspülen, um das Rohr zu reinigen. Dazu Anschlussschlauch auf das Eckventil aufschrauben und das andere Schlauchende direkt in den Abfluss führen (o.).
Zuleitung der Armatur auf die richtige Länge kürzen und mit dem Eckventil verbinden. Quetschverbindung mit dem Maulschlüssel fest anziehen (zweites Bild). Vor dem Aufschrauben der Rohre Dichtungskonus aufsetzen (drittes Bild). Ablaufgarnitur komplett zusammensetzen und provisorisch anhalten, eventuell Rohre entsprechend kürzen und dann Ablauf komplett montieren (u.)

Anschluss von Spül- und Waschmaschine

Für die Wasserversorgung von Geschirrspüler oder Waschmaschine benötigen Sie keine gesonderte Wasserzuführung; Sie können die Maschinen an dasselbe Eckventil anlegen, das die Mischbatterie der Spüle versorgt. Dazu zweigen Sie mit einem T-Stück von der Kaltwasserzuführung zur Spülenarmatur ab.

Beim Anschluss kommt es auf zwei Faktoren an: Zum einen sollte die Wasserversorgung der Maschine getrennt von der Mischbatterie abzusperren sein; zum anderen muss durch einen Rückflussverhinderer ausgeschlossen werden, dass Brauchwasser aus der Maschine in die Trinkwasserleitungen zurückgesaugt werden kann (siehe auch Seite 15).

Am einfachsten stellen Sie dies sicher, indem Sie ein gesondertes Absperrventil mit integriertem Rückflussverhinderer montieren. Diese Armaturen sind so ausgelegt, dass Sie den Druckwasserschlauch der Geschirrspülmaschine direkt anschließen können.

Sicherheit gewährleistet ein automatischer Wasserstopp, der bei einer defekten Zuleitung sofort die Wasserzufuhr zur Maschine unterbindet und so größere Wasserschäden vermeidet. Solche Wasserstopps verfügen außerdem über einen integrierten Rückflussverhinderer und eine Rohrbelüftung. Sie empfehlen sich vor allem dann, wenn die Maschine an einen gesonderten Hahn angelegt wird.

Für den Anschluss von Spül- oder Waschmaschine an die Wasserversorgung der Spüle bietet der Handel Absperrventile mit integriertem Rückflussverhinderer (Pfeil) an (l.). Bei separater Wasserversorgung sichert ein Wasserstopp die Wasserversorgung ab (r.)

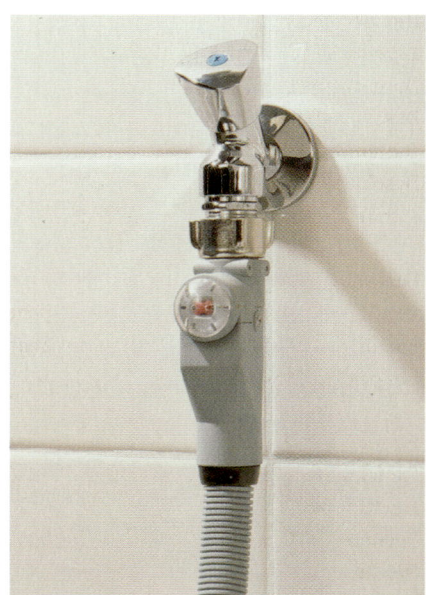

Register

Im FALKEN Verlag sind zahlreiche Bände zum Thema „Do it yourself" erschienen.
Sie sind überall erhältlich, wo es Bücher gibt.

Sie finden uns im Internet: **www.falken.de**

Dieses Buch wurde auf chlorfrei gebleichtem und säurefreiem Papier gedruckt.

Der Text dieses Buches entspricht den Regeln der neuen deutschen Rechtschreibung.

Der Autor dankt für die Mitarbeit von
Ralf Backhaus, Yara Hackstein und Johannes Steinkühler

ISBN 3 1868 2546 7

© 2000 by FALKEN Verlag, 65527 Niedernhausen/Ts.
Umschlaggestaltung: Peter Udo Pinzer
Layout: Peter Lohse, Büttelborn
Fotos und Grafiken: Blanco GmbH & Co KG, Oberderdingen: S. 70–73; Herbert Burda
GmbH, Düsseldorf, S. 51–57; Dornbracht, Iserlohn, S. 49, 50; Geberit, Pfullendorf:
S. 14, 18; Hagebau, Soltau: S.6, 32; Hoesch, Düsseldorf: S.42, 48; Marley-Werke
GmbH, Wunstorf: S. 8, 11, 12, 28–31; Medien Kommunikation, Unna: S. 7, 9, 15,
16 (o.), 20, 21, 22 u., 34, 37, 39, 74; Viessmann: Allendorf: S. 10; Villeroy & Boch,
Mettlach: S. 40–41, 45–47; alle anderen: FALKEN Verlag GmbH, Niedernhausen
Herstellung: Petra Becker
Redaktion und technische Realisierung: FROMM MediaDesign GmbH, Selters/Ts.
Druck: Appl, Wemding

817 2635 4453 6271